AF479431

FALSIFICATIONS

DES

MATIÈRES ALIMENTAIRES

Moyens Pratiques

À LA PORTÉE DE TOUT LE MONDE

POUR LES RECONNAITRE

PAR

ALBERT VASSEUR

INGÉNIEUR CHIMISTE

Diplômé des écoles d'agriculture
Élève de l'École nationale des industries agricoles
Chimiste du Laboratoire agricole

EN VENTE DANS LES PRINCIPALES LIBRAIRIES

Prix : 3 fr. 75

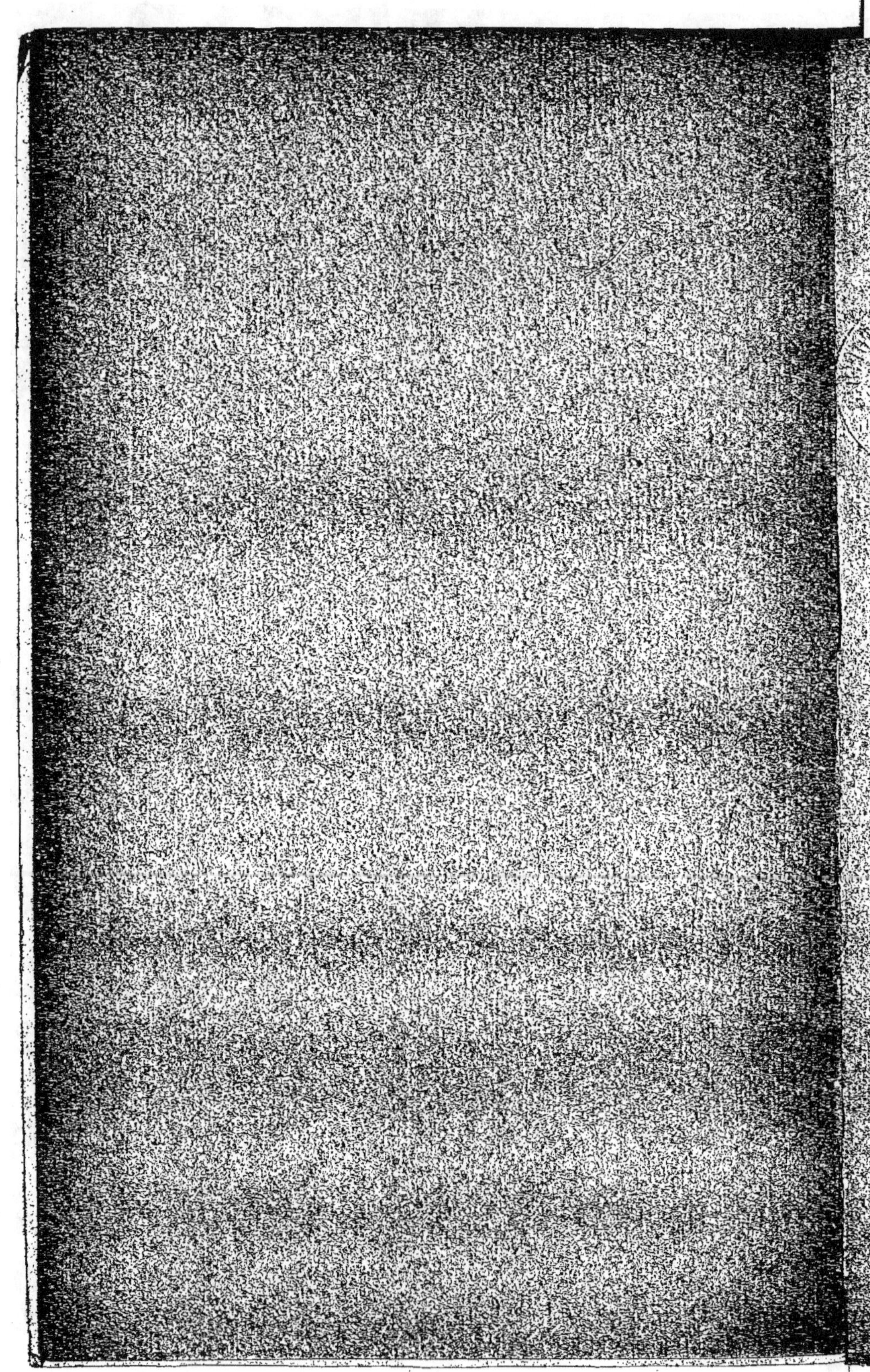

FALSIFICATIONS

DES

MATIÈRES ALIMENTAIRES

Moyens Pratiques

A LA PORTÉE DE TOUT LE MONDE

POUR LES RECONNAITRE

PAR

ALBERT VASSEUR

INGÉNIEUR - CHIMISTE

Diplômé des Écoles d'Agriculture

Ex-Élève de l'École Nationale des Industries Agricoles

Ex - Chimiste du Laboratoire Vivien

et de la Société Anonyme des Produits Chimiques de l'Aisne

EN VENTE DANS LES PRINCIPALES LIBRAIRIES

Prix : O fr. 75

Imprimerie Moderne, Harvich Frères, 75, Rue d'Isle

1911

INTRODUCTION

L'audace et l'ingéniosité intéressée des fraudeurs s'observe chaque jour davantage, ne connaissant plus de limites.

Au nom de l'hygiène et dans l'intérêt de notre santé, nous devons nous défendre contre la fraude ; spécialement contre la plus perfide et la plus coupable, celle qui s'attaque à nos aliments.

La fraude prend une extension considérable et les nombreuses lois appliquées par un service compétent et bien organisé sont encore impuissantes à empêcher cette fraude, et ne peuvent que l'entraver dans une petite mesure.

Le public, qui malheureusement ne se rend pas assez compte des dangers que court sa santé, ne peut compter sur aucun moyen de reconnaître si son alimentation est saine et inoffensive.

Il va de soi que si chacun envoyait toutes ses matières alimentaires dans les laboratoires d'analyse, si d'autre part il pouvait à chaque instant requérir les agents du prélèvement d'échantillons, il faudrait que le gouvernement ait une organisation spéciale qui serait d'une importance telle, qu'il soit impossible d'y penser au point de vue pratique. Si chacun soumettait à ses frais, ses produits alimentaires à l'analyse, la dépense serait trop élevée pour être supportée par les particuliers.

On se trouve donc dans ces conditions : être la proie pour ainsi dire, sans défense, des manipulations frauduleuses qui sont opérées aujourd'hui de plus en plus ouvertement.

Plus les lois répressives se feront plus sévères, plus les fraudeurs chercheront à mieux imiter.

Pourquoi la fraude est-elle de plus en plus considérable, le service de sa répression étant de jour en jour mieux organisé et les agents chargés de le faire appliquer étant en nombre de plus en plus grand ?

Autrefois la fraude n'était pas cachée, on fraudait pour ainsi dire naïvement et un examen organoleptique suffisait presque toujours pour déceler la présence de la fraude.

Aujourd'hui la fraude est tout à fait une science et malheureusement avec les progrès des sciences chimiques concernant la recherche des falsifications dans les matières alimentaires, correspondent les procédés nouveaux de falsifications.

Le fraudeur d'aujourd'hui étant dans les grandes industries où la fraude se pratique sur une vaste échelle, un théoricien compétent, procède d'une façon tout à fait scientifique et masque ainsi les falsifications aux méthodes analytiques aujourd'hui employées.

Plus les années avancent, plus les sciences chimiques font des progrès et plus les falsifications se modifient et se perfectionnent toujours pour donner le plus possible de ressemblance entre le faux et le vrai, l'artificiel et le naturel, et échapper ainsi aux méthodes analytiques jusqu'à ce que l'on arrive à faire le produit parfait par synthèse et où alors le produit naturel et le produit artificiel seront identiques. On ne sera plus dès lors en présence d'une falsification, mais bien d'une substitution de l'un à l'autre.

Le jour, et il n'est pas éloigné, où l'on fera de cette manière le sucre et le vin, il va sans dire que l'industrie de la betterave et la viticulture auront vécu. Ceci s'est déjà réalisé dans la fabrication artificielle de l'alizarine dont le produit obtenu est exactement le même que celui obtenu naturellement avec la garance.

Aujourd'hui, aurore du XX⁰ siècle, nous n'en sommes pas encore arrivés là. Mais ne comptons pas trop sur autrui pour soigner notre santé, et dans notre intérêt, il nous faut opérer nos recherches nous-mêmes, il nous faut connaître la qualité des matières alimentaires que nous consommons, savoir si elles ne contiennent pas de poisons, en un mot savoir s'il y a danger à les absorber.

Il n'est pas facile à un particulier de se rendre compte de la valeur alimentaire de ses aliments pas plus que de savoir y reconnaître les produits nuisibles qui ont pu y être ajoutés.

Le corps humain qui ingère une telle quantité de mixture à base de produits chimiques les plus divers et dont la toxicité de ces produits importe peu ceux qui les y incorporent, jugez des réactions et des combinaisons qui peuvent se produire dans ce laboratoire naturel où la formation de composés plus ou moins définis donnent naissance aux poisons et produits analogues toujours dangereux pour notre santé. N'est-ce pas là, la source de la proportion toujours croissante des maladies de l'estomac et des voies digestives en général ; maladies qui ont malheureusement trop souvent leur répercussion sur le reste de l'économie.

Il n'est pas besoin de pousser plus loin ces observations pour comprendre l'utilité que nous avons aujourd'hui d'être apte à pouvoir faire nous-mêmes un examen sommaire indispensable de nos matières alimentaires. C'est donc dans ce but que cette petite brochure a été écrite ; elle permettra, nous l'espérons, aux personnes intéressées de leur donner les indications nécessaires pour faire eux-mêmes les essais indispensables à faire subir aux matières alimentaires, essais qui ont l'avantage de pouvoir être pratiqués sans connaissances spéciales et c'est là le grand avantage, sans appareils spéciaux.

Pour l'application des méthodes indiquées dans cette brochure, il ne sera nécessaire que d'employer quelques produits très répandus dans le commerce et choisis spécialement parmi les produits ayant déjà un usage domestique. Un certain nombre d'un usage moins fréquent, seraient tenus à l'écart des autres et considéré comme poisons.

Pour éviter les surprises au cours des manipulations, la liste des produits indiqués comme réactifs dans l'ouvrage, se trouve en tête de la brochure et précède immédiatement le texte. Ceci dit, les personnes qui procéderont elles-mêmes à l'examen sommaire de leurs matières alimentaires concourreront donc utilement au but que cherche à atteindre le service et la répression des fraudes et rendrait vraiment pratique l'application de la loi du 1ᵉʳ août 1905 ainsi que ses décrets ultérieurs.

ALBERT VASSEUR

HISTORIQUE

Loin de dater d'hier, la falsification des denrées alimentaires remonte à la plus haute antiquité.

De tous temps, la fraude a préoccupé les pouvoirs publics. Les Grecs additionnaient leurs vins de plâtre, de sel et de baies de myrtille ; ils falsifiaient l'huile d'olive, etc.

Depuis plus de cinq cents ans, on s'est appliqué à en arrêter l'essort.

En 1312, Philippe-le-Bel réglemente la vente de l'épicerie.

En 1350, le roi Jean s'occupe de la vente des denrées alimentaires.

En 1396, le prévôt de Paris publie une ordonnance pour préserver le beurre.

Une ordonnance de Charles VI de 1415 interdit le mélange des vins.

Au XVIᵉ siècle, la fraude s'opérait sur une vaste échelle.

Le poète philosophe chante déjà :

> Quoique en tous lieux on frelate
> Les vins de toutes façons,
> Comme un autre Mithridate
> Mon corps s'est fait aux poisons (1).

Les personnes prises à frauder étaient punies et condamnées quelquefois à l'amende, mais le plus souvent elles subissaient le sort humiliant que leur imposait le justicier de l'époque.

Pour terminer voici comment on punissait les fraudes alimentaires en 1481 (2) :

« A tout homme ou femme qui aura vendu lait mouillé, soit mis en entonnoir dedans sa gorge et ledit lait mouillé entonné, jusques à tant qu'un médecin ou barbier dise qu'il n'en peut, sans danger de mort, avaler davantage.

« Tout homme ou femme qui aura vendu beurre contenant navet, pierre ou autre chose, sera saisi et bien curieusement attaché à notre pilori Pontel. Puis sera ledit beurre rudement posé sur sa tête et laissé là tant que le soleil ne l'aura pas entièrement fait fondre. Pourront les chiens venir lécher, et le menu peuple l'outrager par telles epithètes diffamatoires qui lui plaira (sans offenses be Dieu, du roi, ni d'autres). Et si le temps ne s'y prête et n'est le soleil assez chaud, sera ledit délinquant en telle manière exposé dans la grand'salle de la geôle, devant un beau gros et grand feu, où tout un chacun le pourra venir voir.

« Tout homme ou femme qui aura vendu œufs pourris et gâtés sera pris au corps et exposé sur notre pilori du Pontel ; seront lesdits œufs abandonnés aux petits enfants qui, par manière de passe-temps joyeux, s'ébatront à les lui lancer sur le visage ou dessus ses habillements, pour faire rire le monde. Mais ne leur sera permis de jeter autres ordures. »

Cette cusieuse ordonnance, signée Jacques de Tourzel, se trouve dans les archives du Puy-de-Dôme. Elle fut édictée à la suite d'une supplication présentée en 1481 par les habitants d'Ambert.

Quel fut le résultat de ces châtiments ?

L'histoire ne le dit pas.

RENSEIGNEMENTS
concernant les produits nécessaires pour la recherche des falsifications

— LISTE —

Acide acétique
— azotique
— chlorhydrique
— sulfurique
Alcool amylique
— éther
— méthylique
— pur
Alun
Ammoniaque
Benzine
Borax
Bâton de craie
Carbonate de potasse
— de soude
Chlorure de baryum
— de calcium
Cuivre
Curcuma
Eau de baryte
Ether acétique

Ether sulfurique
Fécule
Gélatine
Laine blanche
Oxalate d'ammoniaque
Papier de tournesol
Perchlorure de fer
Potasse
Phosphaste de soude
Salpêtre
Sirop de sucre
Sous acétate de plomb
Solution d'albumine à 10 °/₀
Solution d'azotate d'argent
Solution de tanin
Soude caustique
Sucre candi
Sulfate d'ammoniaque
Teinture d'iode
Tétrachlorure de carbone

CARACTÈRES SPÉCIAUX & SYNONYMES
DES PRINCIPAUX PRODUITS

Acide acétique (peut ordinairement être remplacé par du fort vinaigre.

Acide azotique ou nitrique.

Acide chlorhydrique ou muriatique.

Acide sulfurique ou vitriol.

Alcool amylique ou alcool de pommes de terre.

Alcool-éther, obtenu en mélangeant trois parties d'alcool pour une partie d'éther.

Ammoniaque ou alcali volatil.

Éther sulfurique ou ordinaire.

Papier de tournesol rouge ou bleu, le papier rouge devient bleu en présence d'alcali, et le papier bleu devient rouge en présence d'acide.

Salpêtre ou azotate de potasse.

Solution d'albumine, s'obtient en mélangeant un blanc d'œuf battu avec de l'eau.

Les solutions aqueuses sont celles obtenues par addition d'eau.

Les solutions alcooliques sont celles obtenues par addition d'alcool pur.

Exemple. — La solution aqueuse de carbonate de soude s'obtient en dissolvant :

Carbonate de soude. . 1 gr. | Eau . . . . 1 décilitre

---

Recherche spéciale du Glucose dans les Produits Alimentaires

Prendre quelques centimètres cubes de liqueur de Fehling (1), ajouter un volume environ égal du liquide à examiner et faire bouillir. Si le mélange reste bleu, il n'y a pas de glucose dans le liquide essayé ; si au contraire, ce liquide contenait du glucose, le mélange de bleu deviendrait rouge avec dépôt rougeâtre au fond du récipient.

NOTA. — La même réaction aurait lieu en présence de lactose.

---

(1) La liqueur de Fehling peut se préparer en dissolvant environ 0 gr. 3 de sulfate de cuivre ou vitriol bleu dans 20 centimètres cubes d'eau (A). Dissoudre d'autre part 8 grammes tartrate de soude et de potasse dans 5 centimètres cubes de soude caustique (B). Verser A dans B et faire un décilitre.

EAUX POTABLES

L'examen d'une eau destinée à la consommation n'est pas sans importance. Ici ce ne sont plus les falsifications qui sont à craindre, mais il est toujours prudent pour le consommateur de s'assurer que l'eau ne contient pas de substances toxiques ou dangereuses.

Une eau d'alimentation, pour être de bonne qualité, doit remplir les conditions suivantes :

1° Elle doit être limpide, incolore, sans odeur, et exempte de matières en suspension ;

2° Elle doit être fraîche et posséder une saveur agréable ;

3° Elle doit bien cuire les légumes ;

4° Elle doit bien mousser avec le savon de Marseille.

Enfin, si à un certain volume d'eau (environ 100 centimètres cubes), on ajoute quelques gouttes d'une solution de nitrate d'argent, il se forme une très légère couche blanchâtre dans le cas d'une eau potable. Si on observe une coloration blanche très prononcée, il faudra suspecter l'eau de contenir des infiltrations, déjections, etc.

Dans les cas d'épidémie, il sera toujours prudent pour le consommateur de boire de l'eau bouillie, filtrée ou stérilisée par des agents chimiques inoffensifs.

Un bon procédé pour s'assurer si une eau est potable est le suivant :

On prend une bouteille propre ; on l'emplit aux trois quarts d'eau, puis on y dissout une cuillerée de sucre blanc et très propre. La bouteille est alors bouchée hermétiquement et tenue quarante-huit heures dans un lieu chaud.

Si, après ce temps, l'eau ainsi traitée est devenue floconneuse ou laiteuse, elle est impropre à servir de boisson. Par contre, si elle reste pure, ceci peut être une preuve qu'elle ne contient aucune substance polluante qui pourrait éventuellement avoir une influence nuisible.

VIN

Le vin est le type par excellence des matières alimentaires falsifiées.

Il n'est pas possible d'envisager aujourd'hui les falsifications dont le vin a été l'objet depuis nombre d'années.

On a fait des vins de toutes pièces, complètement artificiels. On a vendu sous le nom de vin des quantités de
mixtures dans lesquelles entraient les produits les plus
divers.

Depuis quelques années, heureusement, l'abondance
dans la récolte en raisin et, par suite, la quantité considérable de vins produits, ont atténué fortement ces genres
de sophistication ; et aujourd'hui on se borne à « trafi-
quer » les vins, c'est-à-dire à vendre une qualité inférieure pour une supérieure ; à parer les vins préalablement malades et à corriger les défauts qu'ils peuvent
avoir pour les rendre aptes à satisfaire le goût et les
exigences du consommateur.

La consommation importante et la grande place
qu'occupe aujourd'hui cette boisson si répandue, nous
procurent donc un intérêt considérable à savoir distinguer le vin naturel du vin fraudé.

La dégustation donnera des indications précises pour
les vrais connaisseurs, mais il ne faudra pas perdre de
vue que la fraude que l'on aura pratiquée sur les vins
amènera très souvent une perversion dans le goût, perversion qui portera à croire que ce dernier est délicieux
alors que son bouquet sera tout simplement dû aux
savantes combinaisons de la chimie.

On se reportera donc aux essais suivants pour déter-
miner approximativement la qualité d'un vin. La loi du
1ᵉʳ août 1905 a établi les limites dans laquelle la varia-
tion des éléments chimiques constituants est permise.

Ces limites sont modifiées tous les jours et nous ne
pourrons nous y reporter, la comparaison n'étant possible que lorsque l'on a l'analyse exacte et complète du
produit.

Falsifications. — Ne pouvant admettre que chez un
petit nombre de privilégiés un goût assez fin, un palais
assez exercé pour choisir les vins de bonne qualité et
reconnaître tout à la fois leur âge et leur terroir, nous
allons passer en revue les falsifications que les vins
peuvent éprouver et indiquer les moyens de dévoiler ces
mêmes falsifications.

L'eau, les alcalis, la litharge, les matières colorantes
étrangères, le poiré, les matières sucrées, l'alcool, les
antiseptiques, etc., etc., sont les corps que l'on ajoute le
plus ordinairement aux vins pour leur donner les qualités qu'ils n'ont plus, ou qu'ils n'ont jamais eues, pour
masquer leurs défauts, etc.

Eau. — Seule, la dégustation nous permettra de connaître la force alcoo-métrique du vin.

Alcalis. — Si les vins dans lesquels on a ajouté de la
potasse ou de la soude pour masquer ou saturer l'acide
acétique ont une saveur âcre et alcaline ; ils sont alors
dits dépiqués et on opèrera comme suit pour reconnaître
ce genre de falsification.

On évaporera environ cinq centimètres cubes du vin à essayer ; après évaporation, on chauffera au rouge, et après refroidissement on ajoutera quelques centimètres cubes d'eau. Après dissolution du résidu, on plongera une bande de papier de tournesol rouge. Si le vin est dépiqué, le papier de tournesol deviendra franchement bleu. Il faudra s'assurer que la coloration est très accentuée, car un vin naturel doit toujours bleuir légèrement le papier de tournesol rouge.

Dans le cas où l'on aurait remplacé la soude ou la potasse par de la craie, la dissolution du résidu obtenue ci-dessus additionnée de deux ou trois gouttes d'acide chlorhydrique, six ou sept gouttes d'ammoniaque, puis quelques gouttes d'oxalate d'ammoniaque donnera un trouble blanchâtre d'autant plus intense que la quantité de chaux ajoutée sera considérable.

Ici encore un léger trouble se manifestera toujours sur un vin naturel et c'est sur l'abondance trop considérable du précipité obtenu dans ce genre de falsification que l'on devra se prononcer pour la fraude.

Litharge. — Les vins lithargirés ont une saveur douce, sucrée, un peu âpre particulière.

Pour démontrer la présence de la litharge, on évapore le vin à sec ; on ajoute au résidu quelques grammes de salpêtre ; on fait rougir ; ajouter quelques gouttes d'acide nitrique ; on amène de nouveau à sec et ajouter ensuite quelques centimètres cubes d'eau. L'addition d'une goutte d'acide chlorhydrique dans cette eau produira un précipité blanc qui disparaîtra par l'ébullition.

On concluera dans ce cas à la présence de la litharge ou d'un sel de plomb dans le vin.

Poiré-Pommé. — Evaporer le vin en consistance de sirop clair ; laisser reposer et décanter la partie liquide. Cette partie liquide est évaporée de nouveau et le liquide surnageant est dégusté avec attention. Le goût de pomme ou de poire apparaît très nettement.

Si l'on projette ce liquide sur des charbons ardents, de suite l'odeur de pomme ou de poire cuite se manifeste.

Matières sucrées. — On reconnaîtra la mélasse, la cassonade mêlées au vin en évaporant celui-ci en consistance d'extrait, traitant par l'alcool et évaporant de nouveau.

Le résidu contiendra les matières sucrées ajoutées.

Acides Minéraux libres. — On rencontre dans le vin les acides minéraux : sulfurique, nitrique et chlorhydrique.

L'addition de ces deux derniers est assez rare aujourd'hui, mais l'acide sulfurique peut avoir été introduit par suite de l'addition de glucose impur.

On reconnaîtra l'addition des acides minéraux en général d'après le procédé indiqué pour le vinaigre (voir cette page).

Alun. — L'alunage est quelquefois employé pour la clarification des vins.

Arsenic. — L'arsenic peut se trouver dans le vin, soit par suite du traitement spécial du raisin, soit par suite de l'addition de fuschine impure employée pour la coloration du vin.

Cuivre. — Le cuivre se trouve également dans le vin par suite du traitement des vignes avec les bouillies cupriques diverses.

On opère quelquefois le sucrage des vins avec des glucoses impurs. Ces derniers quoique non dangereux par eux-mêmes deviennent toxiques par suite des impuretés qu'ils peuvent contenir.

On peut également rencontrer dans le vin la présence du sulfate de fer, du permanganate de potasse. Ce dernier se rencontre dans les vins rouges décolorés et associé au noir animal.

On reconnaîtra la présence de l'alun en évaporant le vin, le portant au rouge pour obtenir les cendres, et la dissolution dans l'eau de ces dernières sera traitée comme il a été dit au chapitre Farines (voir cette page). Il en sera de même pour le sulfate de cuivre et le sulfate de fer.

Parmi les antiseptiques employés dans le vin, on rencontre le plus souvent : l'acide sulfureux ; l'acide borique ; l'acide salicylique ; l'abrastol ; la saccharine ; l'alun, etc., etc...

Acide borique ou borax. — Introduire environ 100 centimètres cubes de vin dans une capsule de porcelaine ; ajouter du carbonate de soude jusqu'à ce que le vin se « tue ». Evaporer avec précaution et calciner au rouge l'extrait obtenu. Ajouter quelques gouttes d'acide sulfurique, puis environ 5 centimètres cubes d'alcool pur. Enflammer l'alcool à l'obscurité. Dans le cas de la présence de l'acide borique, les bords de la flamme seraient colorés en vert.

Acide salicylique. — Prendre environ 100 centimètres cubes de vin ; ajouter quelques gouttes d'acide sulfurique et 4 ou 5 gouttes de perchlorure de fer. Ajouter 25 centimètres cubes d'éther et agiter. Laisser déposer et décanter la couche d'éther sur une assiette. Laisser évaporer et ajouter deux gouttes de perchlorure de fer très dilué.

Dans le cas de la présence de l'acide salicylique, on obtiendra une belle coloration violette.

Dans le cas où le vin contiendrait de la saccharine, le résidu éthéré ci-dessus aurait une saveur sucrée très caractéristique.

Matière colorante dans le vin. — L'étude de la matière colorante dans le vin a une très grande importance au point de vue des falsifications que ce dernier a pu subir.

— 13 —

On a coloré les vins avec les produits les plus divers
et une grande quantité de ces derniers sont toxiques.

La plus-value qu'offrent les vins blancs sur les vins
rouges a été l'objet de la décoloration de ces derniers
pour leur permettre d'être vendus sous le nom de vins
blancs.

Deux procédés principaux sont employés pour ce genre
de falsifications. Le premier est basé sur l'action décolorante de l'acide sulfureux ; le second est basé sur l'action
décolorante du permanganate de potasse associé au noir
animal.

Aujourd'hui, le second procédé est très peu employé
et nous ne nous occuperons que du premier.

Lorsqu'un vin blanc ou un vin rosé sera suspect d'être
le résultat de la décoloration d'un vin rouge, il suffira de
le faire bouillir avec quelques centimètres cubes d'acide
sulfurique pour que au bout de quelques instants la coloration rouge primitive reparaisse.

Coloration artificielle des vins rouges. — Si l'on veut
s'assurer que le vin n'est pas coloré artificiellement, on
opérera de la manière suivante :

PREMIER PROCÉDÉ. — On prend un bâton de craie
ordinaire que l'on trempe dans une solution d'albumine
à 10 %. On le laisse se sécher et on gratte la partie super-
ficielle. On dépose ensuite sur ce bâton deux gouttes du
vin à examiner.

Si le vin est naturel, la tâche sera de couleur bleue,
grise ou ardoisée. Si la tâche est au contraire verdâtre,
violacée ou rose, on devra suspecter le vin d'être coloré
artificiellement.

Une couleur grise-violacée	indiquera que le vin est coloré par du	campêche
— bleue-verdâtre	— — —	mauve
— grise-verdâtre	— — —	sureau
— rose-franc	— — —	fuschine
— rose-faible	— — —	cochenille
— violacée	— — —	orseille

DEUXIÈME PROCÉDÉ. — On saturera 30 centimètres
cubes de vin avec de l'eau de baryte, jusqu'à coloration
verte et on agite avec environ 15 centimètres cubes
d'éther acétique ; on laisse reposer. Tout vin qui colore
l'éther acétique doit être rejeté, il renferme un dérivé
basique du goudron de houille.

TROISIÈME PROCÉDÉ. — On prend environ 50 centimètres cubes de vin que l'on additionne de quelques
gouttes d'ammoniaque jusqu'à ce que le vin devienne
noir. On agite ensuite avec la moitié en volume d'alcool
méthylique ou mieux d'alcool amylique pur. Si l'alcool
amylique se colore, on a affaire à de l'orseille ou à un
dérivé du goudron de houille, généralement azoïque.

QUATRIÈME PROCÉDÉ. — On prend environ quatre ou

cinq centimètres cubes de vin et on ajoute quelques gouttes de solution de carbonate de soude jusqu'à ce que le vin soit verdâtre. On ajoute ensuite environ 2 centimètres cubes de solution d'alun à 10 %, et 2 centimètres cubes de carbonate de soude également à 10 %. On filtre. Toute laque violacée ou bleue, tout liquide qui n'est pas franchement vert bouteille, doivent faire suspecter le vin qui renferme probablement : campêche, cochenille, phytolacca, sureau, etc...

Le liquide filtré est ensuite acidulé par de l'acide sulfurique jusqu'à coloration rougeâtre pour l'examen de la fuschine.

CINQUIÈME PROCÉDÉ. — Prendre environ 5 centimètres cubes de vin, ajouter un centimètre cube d'alun, puis du carbonate de soude jusqu'à formation d'un précipité que l'on fera disparaître par quelques gouttes d'acide acétique. Un vin qui donnera une coloration violet pur, doit être suspecté de renfermer du sureau, hièble, myrtille, mauve noire, etc...

SIXIÈME PROCÉDÉ. — On agite le vin avec un égal volume d'éther, ou même d'alcool pur. On laisse décanter.

Quatre cas peuvent se présenter :

1° L'éther remonte à la surface et ne présente pas de coloration. Dans ce cas, le vin peut être de coloration naturelle ;

2° L'éther présente une coloration jaune ; on ajoutera une goutte d'ammoniaque ; si la coloration obtenue est rouge foncée, le vin est coloré par du campêche ;

3° Si l'éther a une coloration rouge ou violette et que l'addition d'ammoniaque ne produise aucun effet, le vin sera coloré par de l'orseille ;

4° Enfin, si l'éther est coloré en rouge, et qu'il perd sa couleur sans passer au violet par l'addition d'une goutte d'ammoniaque, la matière colorante peut être naturelle.

SEPTIÈME PROCÉDÉ. — J'attire particulièrement l'attention du lecteur sur ce procédé. Il est d'une pratique simple et facile et les résultats qui en dérivent sont d'une certitude absolue.

On prendra un certain volume de vin que l'on fera bouillir avec un petit mouchet de laine blanche. Après une ébullition de 5 à 10 minutes, on enlèvera le mouchet qui devra alors présenter une coloration jaune sale dans le cas d'un vin naturel. On lavera ensuite ce mouchet avec de l'eau pure et on le plongera dans de l'eau additionnée de quelques gouttes d'ammoniaque. Si le vin est de coloration naturelle, la laine prendra une couleur verte très nette.

Si la coloration n'est pas verte, on peut être assuré que le vin est coloré artificiellement.

Ce procédé est du reste indiqué aujourd'hui dans la méthode officielle pour les analyses de vins. Dans ce dernier cas, on ajoute au vin avant l'ébullition quelques gouttes d'acide sulfurique.

HUITIÈME PROCÉDÉ. — Pour terminer l'étude succinte de la matière colorante du vin, on opérera comme suit pour le huitième procédé :

Mélanger un certain volume de vin avec un égal volume de borax en solution dans l'eau à 10 %.

si la coloration obtenue est lilas ;	le vin est coloré par : cochenille
— gris-bleu ;	— campêche
— lilas-vineux ;	— fernanbouc
— gris-bleu-verdâtre ;	— rose trémière
— brun-jaune ;	— maqui
— lilas, gris ou bleu-verdâtre ;	— sureau
— lilas-gris ;	— myrtille
— gris-bleuâtre et lilas ;	— phytolacca

BIÈRE

La bière est une boisson obtenue par la fermentation alcoolique d'un moût fabriqué avec du houblon, du malt d'orge et additionnée de levure.

Falsifications. — Pour rechercher les falsifications dans la bière, on se reportera au chapitre du vin, notamment en ce qui concerne la recherche des antiseptiques (saccharine, acide salicylique, borax, acide sulfureux, alun, etc.)

Malheureusement, la liste en succédanés du houblon est considérable et les moyens de déceler leur présence nécessitent des connaissances et un matériel spécial.

Nous nous bornerons à citer la liste des principaux.

Ce sont : l'absinthe, le romarin sauvage, le ményante, le bois de quassia amara, le colchique, le coque du levant et la picrotoxine, la coloquinte, l'écorce de saule, la noix vomique, strychnine, brucine, atropine, l'hyocyamine, l'aloès, la racine de gentiane, l'acide picrique, la gomme-gutte, etc.

L'addition de l'acide oxalique dans la bière peut se reconnaître de la manière suivante :

On acidule la bière par quelques gouttes d'acide acétique, puis on y ajoute quelques gouttes de chlorure de chaux. Dans le cas de la présence de l'acide oxalique, il se formera un précipité blanc. Ce précipité ne se formera pas si la bière ne contient pas d'acide oxalique.

Il existe aujourd'hui dans le commerce un mélange tout préparé pour la fabrication de la bière et qui contient :

Bi-Carbonate de soude.	500 grammes
Noix vomique	150 —
Cubèbe	400 —

Les bières de Bavière contiennent quelquefois de la glycérine et du méthyl-orange.

On a aussi fait des bières blanches avec de la soude, de l'acide tartrique et du caramel.

Il peut aussi arriver que la bière se trouble. Pour se rendre compte de la cause qui occasionne ce trouble, on opérera de la façon suivante :

1° On chauffe un échantillon de la bière trouble. Si elle s'éclaircit et qu'elle se trouble de nouveau par le refroidissement, le trouble sera occasionné par de la glutine.

2° On agitera un peu de bière avec de l'éther ; si le trouble disparaît, il était occasionné par les résines.

3° Enfin si le trouble est occasionné par de l'amidon ou des dextrines on ajoute un peu d'alcool à la bière, on mélange, on décante et au liquide clair on ajoute une goutte de teinture d'iode. Dans le cas de la présence de l'amidon on observera une coloration bleue caractéristique.

Pour s'assurer si le principe amer est bien produit par le houblon, on chauffe environ un dixième de litre de bière, on ajoute 10 centimètres cubes de solution de sous-acétate de plomb. On agite et on filtre. Dans le liquide filtré on ajoute un peu de sulfate d'ammoniaque ou de phosphate de soude et on filtre une deuxième fois.

Si le liquide filtré possède une saveur amère, la bière doit être considérée comme suspecte.

Si, dans une bière, la mousse est colorée en jaune, on pourra être à peu près certain que la bière contient de l'acide picrique.

CIDRE

Comme pour la bière, on se reportera au chapitre « Vins » pour la recherche des falsifications, dans le cidre.

Pour les falsifications propres aux cidres, on peut citer la céruse, qui est toxique, et qui était autrefois employée dans la clarification du cidre.

Si on ajoute une goutte d'acide chlorhydrique à quelques centimètres cubes de cidre, il se forme un trouble blanchâtre qui disparaît à l'ébullition dans le cas où ce cidre contiendrait de la céruse ou un sel de plomb.

Les antiseptiques se reconnaîtront de la même manière que pour le vin et la bière.

L'addition d'acide tartrique se reconnaîtra en ajoutant un mélange d'alcool et d'éther à un égal volume de cidre. Après deux jours de repos, on observera au fond du vase un dépôt semblable à du sable.

Ce dépôt pourra faire suspecter que le cidre est complètement artificiel. (Cidre ou boisson de frêne) (1).

Si l'on traite ce dépôt par de l'eau, il devra s'y dissoudre complètement.

Etude de la matière colorante. — On colore le cidre avec les substances suivantes : Rocou, caramel, nitrorhubarbe, fernambouc, coquelicot, etc.

Pour reconnaître la présence de la nitrorhubarbe, on agitera le cidre avec de l'éther, décantera la couche d'éther, et ajoutera quelques gouttes d'ammoniaque.

Dans le cas de la présence de la nitro-rhubarbe, on observera une belle coloration rouge.

Si après avoir ajouté de l'éther au cidre, on ajoute une goutte d'acide acétique, que l'on décante la couche d'éther et que l'on ajoute à cette dernière une goutte d'acide sulfurique, il se formera une coloration bleue dans le cas de la présence du rocou.

Pour la coloration par le caramel, on la reconnaîtra de la manière suivante :

1° On agitera un certain volume de cidre avec un égal volume de solution de tanin dans l'eau. On laissera décanter ; le liquide supérieur sera décoloré si le cidre est coloré naturellement. Si la couleur est le résultat d'une addition de caramel, le liquide supérieur restera coloré.

2° On peut remplacer la solution de tanin par de la gélatine ; les mêmes effets que précédemment se manifesteront.

Pour reconnaître la coloration par le coquelicot, on prendra environ 5 centimètres cubes de cidre auquel on ajoutera un centimètre cube de solution d'alun et trois centimètres cubes de solution de carbonate de potasse ou de soude. On agitera, filtrera et examinera la laque restante sur le filtre. Elle sera rouge carmin dans le cas de la coloration par le coquelicot.

Pour reconnaître la coloration par la cochenille et le fernambouc, on se reportera au chapitre (Vins).

Pour reconnaître la coloration par les couleurs d'aniline, on prend environ 20 centimètres cubes de cidre que l'on additionne de quelques gouttes d'ammoniaque jusque obtention d'une coloration foncée. On ajoute ensuite quelques centimètres cubes d'alcool amylique ; on mélange et on agite. On décante une partie du liquide surnageant, et l'additionne d'une goutte d'ammoniaque. Il se produira une teinte violette ; par agitation, la teinte violette passe au rouge carmin et se dissout dans l'eau qui est au fond du tube.

Un cidre naturel donne dans ces conditions une teinte brun-rouge sale.

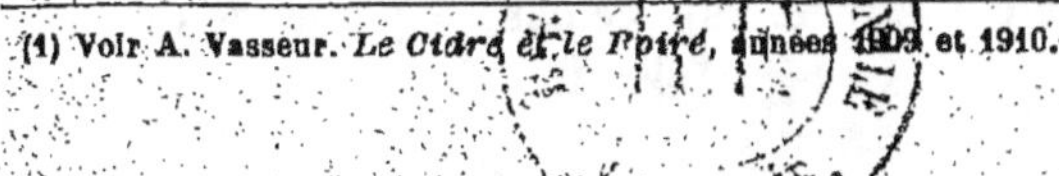

----

(1) Voir A. Vasseur. *Le Cidre et le Poiré*, années 1909 et 1910.

Un procédé assez simple permet de reconnaître la coloration par le fernambouc. — On traite pour cela quelques gouttes de cidre par environ 10 centimètres cubes de carbonate de soude à 0,5 %. On obtient une teinte lilas qui passe au grenat par ébullition.

ALCOOLS - EAUX-DE-VIE
LIQUEURS

L'examen des alcools, eaux-de-vie, etc., n'est pas guère pratiquable pour le consommateur ; toutefois, il lui est toujours possible d'opérer la dégustation.

Frotter quelques gouttes de l'eau-de-vie entre les mains et aspirer l'odeur.

Dans les eaux-de-vie naturelles, le bouquet est fin et persistant pendant un certain temps ; dans les eaux-de-vie artificielles, il n'y a pas de bouquet, ou un bouquet très fugace.

A la dégustation, l'eau-de-vie naturelle rappelle le fruit et laisse au palais une chaleur agréable et non brûlante ; l'eau-de-vie artificielle a, au contraire, une saveur brûlante, qui sèche le palais.

La saveur artificielle des alcools est quelquefois produite par l'addition de substances âcres (poivre, piment, racines de pyrèthre, etc.), de substances astringentes (alun, etc.).

Pour reconnaître la présence des matières ci-dessus, on évapore 50 centimètres cubes d'eau-de-vie et le résidu possède une odeur et une saveur piquante qui indique franchement la nature des produits ajoutés.

Pour trouver l'alun, traiter le résidu de l'évaporation par environ 5 centimètres cubes d'eau, filtrer ; ajouter 1 centimètre cube d'une solution à 10 % de carbonate de soude. On observera une coloration blanchâtre dans le cas de la présence de l'alun.

La coloration artificielle des eaux-de-vie est souvent produite par le cachou, le brou de noix et principalement le caramel. Pour reconnaître la présence de ces trois colorants on opère comme suit :

Traiter environ 50 centimètres cubes d'eau-de-vie par un blanc d'œuf battu en neige et filtrer.

Si le liquide filtré est incolore, la coloration de l'eau-de-vie est naturelle.

Si le liquide filtré est coloré, on lui ajoute 6 à 7 gouttes de perchlorure de fer officinal :

1° La couleur ne change pas = présence du caramel ;
2°   —   est verdâtre = cachou.

RHUM. — Pour se rendre compte si un rhum est naturel, on en prend 10 centimètres cubes que l'on additionne de 4 centimètres cubes d'acide sulfurique pur. Les produits artificiels perdent de suite leur odeur, les produits naturels la conservent 24 heures.

Examen de la matière colorante des liqueurs. — La liqueur est additionnée de trois fois son volume d'eau et agitée avec de l'alcool amylique. Elle ne doit pas colorer cet alcool. Etendue de son volume d'eau, la liqueur portée à l'ébullition ne doit pas colorer un filament de laine blanche.

Une coloration de l'alcool amylique ou du filament de laine, indique une matière colorante prohibée.

VINAIGRE

Définition. — Le vinaigre est le résultat de la transformation de l'alcool en acide acétique sous l'influence d'un ferment (micoderma acœti). Le vinaigre de vin est rougeâtre ou jaunâtre suivant la couleur du vin qui a servi à sa fabrication.

Plus ou moins transparent, d'une odeur piquante, d'une saveur acide et franche, il est susceptible de dissoudre, grâce à l'eau : l'alcool, l'acide acétique qu'il contient, beaucoup de substances résineuses et odorantes ; susceptible également de modifier l'âcreté de la scille et du colchique, de diminuer l'action vireuse de l'opium, etc...

Le vinaigre doit toujours être vendu sous une dénomination indiquant le produit ayant servi à sa fabrication.

Falsifications. — Les falsifications du vinaigre sont peu nombreuses ; elles se réduisent à l'addition d'eau (mouillage), à l'addition d'acide acétique, de piment, de poivre et enfin à la substitution du vinaigre d'alcool, de glucose, de bois, à une partie variable du vinaigre de vin.

Mais le vinaigre peut devoir sa force, son odeur, sa saveur à des acides minéraux qu'on y a ajoutés ; à des substances âcres, comme le poivre long, la racine de pyrètre, la moutarde, etc.., avec lesquels on l'a mis en contact pendant quelque temps.

Cette dernière fraude se reconnaît en saturant le vinaigre par du carbonate de potasse. Le mordant de l'acide acétique est détruit et l'âcreté des matières ajoutées est mise à nu.

On démontre la présence de l'acide sulfurique en évaporant le vinaigre jusqu'à consistance sirupeuse ; traitant par l'alcool qui dissout l'acide minéral, étendant d'eau distillée, chassant l'alcool par la chaleur et versant de l'eau de baryte dans la liqueur restante ; un précipité (sulfate de baryte insoluble) dans l'acide nitrique se manifeste à l'instant même.

On prouve l'addition de l'acide chlorhydrique en faisant bouillir le vinaigre, et mettant au contact de la vapeur qui se dégage, une assiette froide. Lorsqu'il y aura de la vapeur qui se condensera sur l'assiette, une goutte de solution de nitrate d'argent produira avec la vapeur condensée un précipité blanc (chlorure d'argent) soluble dans l'ammoniaque et insoluble dans l'acide nitrique.

Le vinaigre falsifié par de l'acide nitrique fuse sur les charbons ardents quand on l'a évaporé à siscité et préalablement saturé de carbonate de potasse.

Pour se rendre compte si on a ajouté de l'eau au vinaigre, on prendra une partie de carbonate de potasse sec que l'on ajoutera au vinaigre à examiner. Si ce dernier est bon, il faudra au plus dix parties de vinaigre pour neutraliser une partie de carbonate de potasse.

Un procédé bien simple pour se rendre compte si un vinaigre contient des acides minéraux (acide sulfurique, chlorhydrique, nitrique, etc.) consiste à délayer environ un demi-gramme de fécule dans un décilitre environ de vinaigre. On fait bouillir une demi heure.

Si le vinaigre ne contient pas d'acides minéraux, l'addition d'un peu de teinture d'iode donnera au liquide refroidi une coloration bleue ; s'il en renferme, il n'y aura pas de coloration, car les acides minéraux auront converti la fécule en dextrine, puis en glucose, qui ne bleuit pas par l'iode. On reconnaît ainsi facilement 2 à 5 millièmes d'acide sulfurique.

Le vinaigre de vin contient toujours beaucoup d'extrait sec et de cendres ; environ 20 grammes d'extrait et 3 grammes de cendres par litre.

Le vinaigre d'alcool, au contraire, ne contient que 0 gr. 5 de cendres et 4 grammes par litre d'extrait.

On pourra se rendre compte facilement de la façon suivante si le vinaigre a été additionné d'acide azotique ou nitrique. Pour cela, on prend un égal volume de vinaigre et d'acide sulfurique ; on chauffe jusqu'à ébullition en y plongeant un morceau de cuivre. Si le vinaigre contient de l'acide nitrique, il se dégage des vapeurs suffocantes (vapeurs nitreuses). Ces vapeurs n'existent pas si le vinaigre ne contient pas d'acide nitrique.

Enfin, pour se rendre compte si le vinaigre a été fait avec du cidre, du poiré ou de la bière, il suffira d'évaporer un certain volume jusqu'à consistance de sirop. A ce moment, l'odeur du résidu suffira pour reconnaître l'origine du vinaigre.

Le vinaigre fait avec du glucose contient toujours un excès de glucose et de la dextrine.

La dextrine se reconnaîtra au trouble que subit le vinaigre lorsque l'on additionnera ce dernier d'alcool pur, et le glucose se reconnaîtra par le procédé indiqué à la page 8.

Le vinaigre de bière contient également de la dextrine ; on se basera donc sur l'odeur du résidu, après évaporation, pour le différencier du vinaigre de glucose.

Le vinaigre fait avec de l'acide pyroligneux, c'est-à-dire le vinaigre complètement artificiel, ne laisse pas de résidu lorsque l'on en évapore un certain volume et que l'on porte au rouge le récipient ayant servi à l'évaporation.

On reconnaîtra le vinaigre de vin à ce que l'addition d'alcool pur ne le troublera pas et troublera les vinaigres provenant de la bière, du glucose et de l'alcool.

Pour terminer, on recherchera les substances aromatiques ajoutées au vinaigre en évaporant le vinaigre au bain-marie ; le résidu de l'évaporation possèdera une âcreté caractéristique dans le cas de la présence de ces substances.

LAIT

Le lait est le liquide particulier secrété par les glandes mammaires d'animaux appelés pour cela mammifères.

Falsifications. — Personne n'est plus habile à faire du lait que les laitiers parisiens. Leurs recettes ne sont pas complètement inconnues des chimistes ; on sait très bien que l'eau, les amandes, la farine, quelquefois les jaunes d'œufs, font la base de leur prétendue crème.

Aujourd'hui, les falsifications les plus importantes que l'on fait subir au lait sont : l'écrémage et le mouillage.

L'introduction de l'eau dans un lait a pour effet de faire diminuer les différents éléments dans une proportion correspondante à la quantité d'eau ajoutée.

On ajoute au lait : du sucre, de la dextrine, des gommes, des matières féculentes, des blancs d'œufs, de la gélatine, des matières grasses de colostrum, des matières colorantes pour masquer la teinte bleuâtre du lait (exemples : jus de réglisse, extraits de chicorée et de rocou).

On a aussi ajouté des antiseptiques, tels que l'acide salycillique, l'acide borique, le formol, le bichromate de potasse, etc.

Enfin, on a vendu sous le nom de lait, une mixture composée d'amidon et d'un peu de lait concentré.

Le lait écrémé peut devenir nuisible pour l'alimentation des enfants.

Les nourriseurs remplacent la crème par de la cassonade, des amandes douces ou du chènevis.

On reconnaît la première falsification au résidu de mélasse ou en faisant dessécher le lait et en le traitant par l'alcool qui s'empare du sucre de canne et respecte le sucre de lait.

On reconnaît la seconde à la pellicule couverte de tâches roussâtres que forme le mélange par l'ébulliton.

On ajoute encore au lait de l'amidon et enfin du carbonate de potasse pour l'empêcher de tourner.

On reconnaîtra la présence de la farine, l'amidon, la fécule, etc., à la coloration bleue que prendra le lait en présence de la teinture d'iode.

Les antiseptiques se reconnaîtront de la manière indiquée pour les vins.

L'écrémage et le mouillage pourront se reconnaître en se basant sur le degré d'opacité d'un lait pur.

Pour cela, on prendra un certain volume de lait que l'on additionnera de dix fois son volume d'eau. Après avoir bien mélangé, on en versera une certaine partie dans un verre bien transparent et de telle façon que la hauteur totale du mélange soit d'un centimètre. On placera ensuite le vase sur un papier sur lequel se trouve de l'écriture. Si le lait est écrémé ou mouillé, on pourra lire l'écriture au travers de la couche de liquide.

On pourra d'autant plus facilement lire l'écriture que le lait sera fraudé. Au contraire, plus il faudra ajouter d'eau au mélange pour pouvoir lire l'écriture, plus le lait sera riche en beurre. Pour se rendre compte de la consistance du lait, on peut encore opérer de la manière suivante : Prendre un tube effilé, y introduire un certain volume de lait et compter les gouttes qu'il contient. Répéter l'opération avec de l'eau pure. Si le lait est bon, le nombre de gouttes devra être dans la proportion de 100 gouttes d'eau pour 137 à 139 gouttes de lait.

La question des laits composés, laits concentrés, laits maternisés, laits artificiels, etc., que l'on rencontre aujourd'hui et qui tentent à se substituer au lait naturel, doit être étudiée avec beaucoup de réserves. Il est à regretter que leur consommation s'accroît de jour en jour ; car il ne faut pas oublier que le résultat de la consommation de ces différents produits, principalement pour les enfants, est tout à fait déplorable. Il est prudent d'éviter de les employer.

La composition synthétique qu'ils peuvent avoir, ne remplace en rien celle de la nature. Le lait est en effet un produit très complex ; l'analyse nous donne la liste de ses principaux éléments constituants ; pour les obtenir, l'analyse les a transformés, de sorte que, se basant sur les données, la composition que l'on peut établir pour la fabrication d'un lait artificiel, ne peut être semblable, identique, à celle du lait n'ayant subit aucune modification.

J'emprunte à Raspail, le passage suivant qui vient confirmer ce que j'ai dit ci-dessus : « Quand la science sera en état de vous produire du lait de toutes pièces, elle aura le droit de vous imposer ses nourrices automates ; jusqu'à cette époque, rapprochez-vous autant que faire se pourra de la nature et éloignez-vous autant que vous le pourrez de l'art et de ses merveilles. »

Comme procédés faciles pour la recherche des falsifications du lait, on opère comme suit : Faire évaporer le lait : il doit rester 133 grammes de résidu par litre. Si à la cuisson, le lait forme des grumeaux et des flocons, c'est qu'il est falsifié avec des blancs d'œufs ; s'il a une odeur d'œufs cuits et une saveur de lessive, c'est qu'il est conservé avec du bicarbonate de potasse, dangereux pour les enfants.

Faire bouillir le lait : si l'on y ajoute de l'amidon, il brûle au fond du vase et forme des grumeaux. L'addition de teinture d'iode colore le lait en bleu si l'on y ajoute de la farine ou de la fécule Délayer le lait dans de l'eau : s'il est falsifié à la cervelle, il se formera une crème. Quelques gouttes de teinture d'iode coloreront le lait en bleu s'il est additionné de dextrine. Si l'addition de deux gouttes d'acide sulfurique dans le lait provoquent une coloration, le lait sera falsifié avec de l'huile. Si le lait a vaillamment supporté toutes ces épreuves, il y a de grandes chances pour qu'il soit bon.

LE BEURRE

Le beurre est le mélange de matières grasses obtenu par le barattage du lait, de la crème ou d'un mélange de lait et de crème.

Falsifications. — En liquéfiant lentement la margarine, on pourrait ne pas détruire complètement l'émulsion et avoir un moyen simple de reconnaître l'oléo-margarine dans le beurre. En effet, si on fait fondre l'oléo-margarine à une température qui ne dépasse pas son point de fusion, la matière doit se séparer difficilement de l'eau ou du lait et au lieu de s'éclaircir rapidement comme dans le cas d'un beurre naturel, elle reste trouble pendant un certain temps.

On fera fondre du beurre dans un godet à chaleur lente ; si le beurre est pur, l'eau, la caséine et le petit lait se séparent rapidement, tombant au fond du godet et la matière grasse acquiert alors une limpidité parfaite. Si l'on est en présence de l'oléo-margarine ou d'un mélange d'oléo-margarine et de beurre, la fusion se produit, mais la matière grasse reste trouble et ce trouble est d'autant plus intense que la quantité d'oléo-margarine est plus importante.

Pour reconnaître le beurre pur du beurre contenant de la margarine, on peut encore opérer de la manière suivante : Dans un tube, on introduit 1 centimètre cube et demi de sirop de sucre puis 10 centimètres cubes de beurre, fondu au bain-marie. On agite pour mélanger le beurre avec le sirop et on laisse reposer une demi heure, toujours au bain-marie.

Dans le cas d'un beurre pur, il se forme trois couches distinctes : Dans la partie supérieure se réunissent les matières grasses limpides, au-dessous apparaît une émulsion de 2 centimètres cubes environ, puis à la partie inférieure se réunissent l'eau et le sirop. Lorsque l'on est en présence de la margarine, on n'a pas de couche intermédiaire.

La présence dans le beurre de matières organiques se reconnaît de la manière suivante : On fond au bain-marie, un petit morceau de beurre. Si ce dernier contient des matières organiques, celles-ci vont au fond du vase et la matière grasse surnage.

L'addition de borax, d'acide salicylique, etc.., se reconnaîtra comme il a été dit pour le vin (voir cette page). L'addition de matières féculentes (farines, amidon, etc...) se reconnaîtra par la réaction à l'iode (voir lait).

Le beurre est souvent coloré artificiellement ; les principaux colorants que l'on trouve dans le commerce et destinés à cet usage, sont : (curcuma, rocou, safran, etc).

Pour reconnaître leur présence dans le beurre, on procédera de la manière suivante : on agite un morceau de beurre avec de l'alcool étendu d'eau ; on décante et évapore la solution ; au résidu obtenu, on ajoute :

1° Quelques gouttes d'ammoniaque ; il se forme une coloration jaune, brun foncée ;

2° Quelques gouttes d'acide sulfurique ; s'il se forme une coloration rouge brun, on est en présence du curcuma. Si l'addition d'acide sulfurique produit une coloration bleue, on est en présence du rocou ;

3° L'addition de quelques gouttes de sous-acétate de plomb produit une coloration (orange) ; on est alors en présence d'une coloration par le safran.

L'étude succincte de la matière grasse peut encore être

faite de la manière suivante : faire fondre environ 5 grammes de beurre dans un récipient, y plonger une mèche de coton dont l'une des extrémités émerge du liquide. Allumer cette mèche, l'éteindre brusquement au bout d'une à deux minutes. L'odeur spéciale de vapeurs qui se dégagent, fera reconnaître l'axonge et le suif.

Un procédé simple pour la recherche de la margarine, est le suivant : prendre environ 5 grammes de beurre, ajouter un volume égal d'ammoniaque et porter à l'ébullition pendant quelques secondes ; verser un second volume d'ammoniaque légèrement supérieur au premier. Agiter. Le beurre pur et frais ne produit aucune trace de mousse. Le beurre margariné ou rance donne une mousse persistante.

Recherche des huiles végétales. — Faire fondre de 20 à 30 grammes de beurre, les filtrer. A 10 centimètres cubes du liquide en filtration, ajouter 5 centimètres cubes d'une solution d'azotate d'argent dans l'alcool, plonger le tout dans l'eau bouillante, 5 à 10 minutes.

Si la coloration du liquide est :

	le beurre contient de l'huile	
Noire,		de coton
Rouge, brun, puis vert,	— —	d'arachide
Brun-foncé, puis rougeâtre	— —	de sésame
Vert, jaune, avec trouble,	— —	d'œillette ou colza

FARINE

Définition. — On désigne sous le nom de farine, les produits de diverses graines soumises à la mouture et débarrassées, par un tamisage, des parties corticales appelées son.

La farine de froment étant exclusivement employée dans la consommation humaine, nous ne nous occuperons pas des farines provenant des diverses graines étrangères au froment.

Le pain étant la base de l'alimentation de l'homme, il est de toute importance que la farine qui sert à le fabriquer, soit aussi pure que possible. Une farine de bonne qualité doit être d'un blanc légèrement jaunâtre, sèche, pesante, douce au toucher, d'odeur agréable et adhérant légèrement aux doigts.

Falsifications. — Etant donné leur composition, les farines constituent un milieu facilement altérable. La falsification la plus importante consiste à additionner la farine de froment, de farines diverses de qualités inférieures et d'un prix de revient moins élevé. Les farines étrangères les plus communément employées sont celles de riz, de seigle, de maïs, ou de légumineuses. On a été jusqu'à introduire de la farine de graines de lin dans les farines de froment.

Les sels métalliques que l'on rencontre dans la farine, sont :

La craie (ou carbonate de chaux) . . 12 à 36 %.
Le plâtre (ou sulfate de chaux) . . . 1 à 1,5 %.
L'alun potassique ou ammoniacal (sulfate double d'alumine et de potassium, ou d'aluminium et d'ammonium) 1 à 3 %.

Le sulfate de cuivre, la poussière de marbre, la baryte caustique, le talc (silicate de magnésie), etc.

Pour se rendre compte si une farine contient des matières minérales ajoutées frauduleusement, on prendra un certain poids, par exemple 10 grammes de farine que l'on chauffera au rouge. Si la farine est pure, le résidu après calcination, ne devra pas être supérieur à 0 gr. 05. Si le poids est supérieur, la farine aura été additionnée de matières minérales étrangères.

On reconnaîtra l'addition de la baryte de la manière suivante : on délaye une certaine quantité de farine dans l'eau, on ajoute quelques gouttes d'acide chlorhydrique et on filtre. On additionne ensuite le liquide filtré de quelques gouttes d'acide sulfurique. Si la farine contenait de la baryte, on observera un trouble blanchâtre. Le liquide, au contraire, restera clair dans le cas où la farine ne contiendrait pas de baryte.

Pour reconnaître la présence du sulfate de cuivre et de l'alun dans la farine, on prendra un certain poids de la farine à essayer que l'on délaiera dans l'eau ; on filtrera et au liquide filtré, on ajoutera quelques gouttes d'ammoniaque.

Trois cas peuvent se présenter :

1° Le liquide filtré ne change pas par l'addition d'ammoniaque. On concluera alors à l'absence complète du sulfate de cuivre et de l'alun dans la farine suspecte.

2° On observera une teinte bleuâtre, on pourra alors conclure à la présence certaine du sulfate de cuivre.

3° On observera un précipité blanchâtre, d'aspect gélatineux, qui, au bout de quelques minutes, se séparera en légers flocons. Ce précipité disparaît si l'on ajoute au liquide quelques gouttes de potasse caustique. On concluera dans ce cas à la présence de l'alun.

Nota. — Il pourrait, outre le précipité blanc, se produire un second précipité couleur de la rouille et qui communiquerait au liquide une coloration jaune. Ce précipité ne disparaîtrait pas lors de l'addition de la potasse caustique. On serait dans ce cas en présence d'un sel de fer qui aurait été ajouté à la farine sous la forme de sulfate de fer.

Dans les deuxième et troisième cas, c'est-à-dire dans le cas de la présence du sulfate de cuivre et de l'alun dans la farine, on confirmera ce résultat en ajoutant sur une petite partie du liquide filtré quelques gouttes de chlorure de baryum. On observera un précipité blanc dans le cas de la présence soit du sulfate de cuivre, soit de l'alun.

L'addition à la farine de plâtre, talc, craie, marbre, etc., se reconnaîtra en jetant une pincée de la farine suspecte dans un verre d'eau. Les matières ci-dessus vont au fond du vase et la farine reste à la surface.

Si l'on ajoute quelques gouttes d'acide chlorhydrique à l'eau contenant la pincée de farine, on observera au dépôt formé au fond du vase, un dégagement de gaz provenant de l'attaque du dépôt par l'acide chlorhydrique. On sera dans ce cas en présence de craie ou de marbre. Si on laisse l'attaque s'opérer quelques instants, on observera la dissolution complète du dépôt dans le cas où le dépôt serait exclusivement formé de craie ou de marbre.

Si l'on observe pas une dissolution complète ou qu'il ne se produise pas de dégagement de gaz, on sera en présence d'un composé insoluble, probablement le plâtre ou le talc.

Enfin, pour se rendre compte si une farine contient des matières minérales, on prendra environ 4 grammes de la farine à essayer que l'on agitera avec environ 20 centimètres cubes de tétrachlorure de carbone. On laisse décanter une journée et examine ensuite s'il s'est formé un dépôt au fond du vase ayant servi à la décantation. On décèlera par ce procédé des traces très minimes de matières minérales dans la farine.

PAIN

Le pain est le produit résultant de la cuisson de la pâte de froment avec addition d'eau, de levure et de sel.

Falsifications. — L'introduction dans le pain de certaines matières destinées à fournir de l'acide carbonique et par suite à gonfler la pâte, peut à la rigueur être considérée comme licite dans certains cas. Mais il n'en est pas de même de l'introduction de sels métalliques, tels que l'alun et le sulfate de cuivre.

Le sulfate de cuivre donne un pain bien levé, poreux, d'un grain fin et dont les yeux sont très égaux. L'addition de sulfate de cuivre permet une teneur en eau plus élevée de 7 % à la normale. Le sulfate de cuivre n'étant pas éliminé en totalité dans les urines, son addition devra donc être considérée comme dangereuse.

L'alun est un sulfate double d'aluminium et de potassium ; il a la propriété de blanchir la pâte. Ajouté au pain, l'alun ou sulfate double d'aluminium et de potassium se décompose en sulfate de potasse et en sulfate d'aluminium. L'alumine du sulfate d'alumine se combine au gluten ainsi qu'une partie de l'acide sulfurique ; mais une grande partie de l'acide sulfurique provenant de la décomposition du sulfate d'alumine se trouve mis en liberté dans le pain ainsi qu'une partie de l'alumine qui est mise en liberté par l'action des sucs stomacaux. Il résulte donc un grand danger pour la santé publique de l'emploi de l'alun dans la panification.

Pour le sulfate de cuivre, on le reconnaîtra de la façon suivante : On brûlera un morceau de pain dans un récipient que l'on portera au rouge ; on introduira ensuite le résidu obtenu dans l'eau bouillante, et après décantation, on ajoutera au liquide clair quelques gouttes d'ammoniaque. Dans le cas de la présence du cuivre, on observera une belle coloration bleue (bleu céleste).

Si au lieu d'une teinte bleue, il se forme un précipité blanchâtre gélatineux disparaissant par l'addition d'une goutte de solution de potasse caustique, on concluera à la présence de l'alun dans le pain Dans les deux cas, le liquide acidulé par quelques gouttes d'acide chlorhydrique, précipitera en blanc par une addition de chlorure de baryum.

On pourra ajouter au nombre des falsifications du pain, toute la liste des falsifications qu'a pu éprouver la farine ayant servie à sa fabrication. On se reportera donc au chapitre (Farines) pour reconnaître ce genre de falsifications.

On a quelquefois employé le sulfate de zinc dans la panification. Pour reconnaître cette fraude, on ajoutera au liquide provenant de l'épuisement ci-dessus quelques gouttes de solution de carbonate de soude On observera un louche blanchâtre dans le liquide si le pain contient du sulfate de zinc. Dans ce cas, l'addition de chlorure de baryum produira un précipité blanchâtre comme dans le cas du sulfate de cuivre et de l'alun.

PATES ALIMENTAIRES

Les pâtes alimentaires comprennent : le vermicelle, le macaroni, les nouilles et les pâtes d'Italie.

Pour reconnaître la coloration des pâtes alimentaires

par le jaune de Naphtol, ou le curcuma, on opère de la manière suivante : 20 à 30 grammes de pâte sont introduits dans de l'alcool étendu d'eau et bouillant. On filtre. Une partie de l'alcool filtré est additionnée de quelques gouttes d'acide chlorhydrique et reçoit un filament de laine blanche. Si le filament se colore en jaune, on conclue à la présence du jaune de naphtol.

Dans une deuxième partie de l'alcool filtré, on ajoute 1 à 2 centimètres cubes d'ammoniaque. S'il existe du curcuma, la liqueur de jaune vire au rouge brun.

Pour reconnaître la présence du bicarbonate de soude, on épuise une certaine quantité de pâtes avec de l'eau, on ajoute quelques centimètres cubes d'acide chlorhydrique et on observe un dégagement de gaz. Si le gaz possède une odeur piquante rappelant celle du soufre en combustion, on concluera à la présence de bisulfite dans les pâtes alimentaires.

PATISSERIES

Les pâtisseries fraîches sont des produits constitués par des mélanges de farines ou de féculents, avec du lait, de la crème, des œufs à la coque, de la graisse animale ou végétale, du sucre ou du miel, des amandes, des fruits, des aromates.

Dans la fabrication du pain d'épices, on a souvent recours à l'emploi du savon pour faciliter la panification. Pour reconnaître sa présence, faire une infusion d'environ 100 grammes du produit ; filtrer et évaporer en consistance de sirop. Ajouter 2 à 3 centimètres cubes d'acide chlorhydrique à 10 °/₀, puis 10 à 15 centimètres cubes d'éther. Décanter et évaporer l'éther après avoir été bien agité. S'il reste un résidu gras, il y a eu addition de savon.

HUILES COMESTIBLES

Les huiles comestibles sont des corps gras extraits des graines ou des fruits. Les falsifications pratiquées sur les huiles sont très nombreuses et les moyens pratiques pour les reconnaître sont très souvent incertains.

RECHERCHES PARTICULIÈRES DE QUELQUES HUILES

HUILE DE SESAME. — Mettre 10 centimètres cubes d'acide chlorhydrique, contenant 1 °/₀ de sucre, avec

20 centimètres cubes d'huile. Agiter pendant une minute. Après séparation, l'acide est coloré en rouge, si l'huile renferme de l'huile de sésame.

HUILE DE COTON. — Prendre 10 centimètres cubes d'huile, ajouter 10 centimètres cubes d'une solution de sous-acétate de plomb, puis 5 centimètres cubes d'ammoniaque et agiter fortement. Si l'huile d'olive est pure, le mélange est blanc laiteux ; s'il existe de l'huile de coton, la coloration est rouge orangé plus ou moins intense.

HUILE D'ŒILLETTE. — Agiter 10 grammes d'huile avec 5 grammes d'acide azotique étendu au tiers. Laisser reposer ; après séparation, noter la coloration de l'huile et de l'acide.

En présence d'huile d'œillette, l'acide est incolore et l'huile colorée en vert.

GRAISSES ALIMENTAIRES

Les principales graisses alimentaires sont :

Le saindoux (graisse de porc) ; le suif (graisse de bœuf, mouton ou veau) ; la margarine (graisse extraite des suifs ; le beurre de coco, la végétaline, etc.

SAINDOUX — Faire fondre une petite quantité de saindoux s'il contient de l'eau en excès ; cette eau surnage à la partie supérieure.

Pour rechercher les sels minéraux, on opère de la manière suivante : 20 à 25 grammes de saindoux sont agités avec de l'éther ; on décante l'éther et le liquide aqueux est examiné comme suit : une partie est additionnée de un centimètre cube d'acide chlorhydrique ou sulfurique. S'il se forme un dégagement de gaz, on concluera à la présence du carbonate de soude.

Le résidu évaporé à sec additionné de quelques gouttes d'acide sulfurique, puis d'alcool pur est enflammé. Dans le cas de la présence du borax, les bords de la flamme sont colorés en vert.

Pour reconnaître l'addition de fécule, on fait fondre 15 à 20 grammes de graisse, on ajoute un volume égal d'éther et on agite. La fécule se dépose au fond du tube. L'addition d'une goutte de teinture d'iode produira alors une coloration bleue ou violette dans le cas de la présence de l'amidon ou de la fécule.

Si l'on épuise le saindoux par de l'eau, que l'on évapore cette eau à sec et que l'on ajoute une goutte d'acide sulfurique, on obtient une coloration rougeâtre, qui n'est que passagère et qui indique la présence de la saponine.

CAFÉ

Le café est la graine du caféier, presque complètement débarrassée de sa coque, et non privée de sa caféine.

Falsifications. — Le commerce livre aux consommateurs le café sous deux formes principales : 1° Café en grains (vert, torréfié) ; 2° Café moulu ou en poudre.

I. CAFÉ EN GRAINS. — Le café ne doit pas être conservé indéfiniment ; au bout d'un temps plus ou moins long, les graines jaunisssent. Le café, n'étant plus marchand, le vendeur a recours à deux procédés chimiques qui lui permettront de donner au grain de café son aspect primitif. Il va sans dire que ces deux procédés sont très toxiques.

Le premier consiste à ajouter au café du sufate de fer (ou vitriol vert), le café, mis en contact avec ce produit, prend la coloration verte, caractéristique du café nouveau.

Le deuxième procédé consiste à enlever les tâches jaunes que le café acquiert par le vieillissement. Pour cela, on remue les grains de café avec des grains de plomb. Dans un cas comme dans l'autre, il reste du sulfate de fer ou du plomb adhérent aux grains de café.

Le moyen à employer pour déceler la présence de ces deux produits toxiques sera le suivant : On fera bouillir quelques grains de café dans de l'eau, on ajoutera quelques gouttes d'acide nitrique, puis au liquide décanté on ajoutera sur une partie de l'ammoniaque et sur l'autre partie, on ajoutera du chlorure de baryum.

a) Si l'addition d'ammoniaque produit un précipité blanc, le café contient du plomb.

b) Si l'addition de chlorure de baryum produit un précipité blanc, le café contient du sulfate de fer.

La falsification la plus importante que l'on fait subir au café consiste dans une addition plus ou moins grande de racines de diverses plantes.

La plante la plus employée aujourd'hui est la chicorée (1).

Des fabriques s'étaient établies pour l'imitation du café en poudre au moyen d'orge torréfiée et d'enveloppes brûlées de cacao. On se mettra à l'abri de ces fraudes en

---

(1) La chicorée elle-même se trouve aussi sujette à de nombreuses falsifications ; vieux marcs de café épuisées, sucre d'acajou, tan, brique pilée, ocre rouge, foie de cheval séché et pulvérisé. Voilà ce que la commission sanitaire de Londres a découvert dans les prétendus échantillons de chicorée. On a également falsifié la chicorée avec des substances moins répugnantes ; panais, carottes, glands, pommes de terre, haricots, pois, etc.

achetant le café en grains. Mais aujourd'hui l'industrie est parvenue à imiter la forme des grains de café et à fabriquer de toutes pièces du café artificiel.

On a fait des grains de café artificiels avec du pain grillé et de la mélasse. Pour reconnaître cette sophistication, on mettra quelques grains de café dans de l'eau. Si le café est fait avec du pain grillé et de la mélasse, le grain gonfle et le caramel se dissout dans l'eau.

Aujourd'hui, l'industrie pulvérise les substances destinées à cette imitation; on les met sécher dans des moules et on les vend suivant le modèle, sous le nom de café Moka, café Martinique, etc. On est parvenu à imiter la forme, la couleur, l'aspect, le poids, de manière à ce que le plus habile puisse s'y méprendre. Inutile de dire qu'un pareil café ne laisse pas subsister l'illusion. Mais le fabricant a prévu ce danger et un nouveau piège est tendu au goût lui-même par la confection de grains formés de vieux marcs de café moulés et séchés qui, mélangés aux faux grains, faits en terre glaise ou autres substances du même genre, donneront à l'infusion quelque chose qui rappelle, de bien loin, hélas ! le goût du café véritable.

Comment se prémunir contre les falsifications dont le café est l'objet. Rien de plus aisé que de reconnaître le mélange de chicorée et de café. Il suffit de prendre une pincée de la poudre suspecte, de la jeter dans un verre d'eau ; s'il n'y a que du café, le tout surnage. A-t-on un mélange de café et de chicorée, on voit la chicorée se précipiter rapidement au fond du vase.

II. CAFÉ MOULU OU EN POUDRE. — C'est principalement dans le café moulu que l'on rencontre l'addition de pain grillé, vieux café, farine de pois, fève, racines de chicorée, betteraves, carottes, etc.

Un bon café perd 35 % de matières solubles dans l'eau bouillie.

Le café mélangé avec de l'eau formera une pâte s'il contient des farines ; à froid, il colorera l'eau s'il contient des racines. L'addition de farine se reconnaîtra à l'iode (voir lait).

Le café est quelquefois coloré artificiellement. (Indigo bleu de Prusse, curcuma, etc.).

Epuiser quelques grains par l'alcool bouillant, y plonger un papier à filtrer, laisser sécher, puis plonger à nouveau dans l'eau boriquée. Le papier deviendra rouge si le café est coloré par le curcuma.

Comme conclusion pratique, il est prudent de n'acheter son café qu'en grains, afin de le moudre chez soi, et comme, même en ce cas, toute la sagacité de l'acheteur peut-être mise à défaut, c'est à lui de ne s'adresser qu'à une maison dont l'honorabilité lui inspire une légitime confiance.

CHOCOLAT

Définition.— Le chocolat en pâte et en poudre est une pâte de cacao sucrée. La proportion de pâte de cacao ne doit pas être inférieure à 32 %.

Falsifications. — Le chocolat étant constitué par un mélange, en certaines proportions de sucre et de cacao, les falsifications pourront porter sur le cacao lui-même ou sur le mélange fait.

Le bon chocolat doit présenter les caractères suivants : Il est onctueux et a une franche odeur de cacao ; sa cassure est unie, un peu jaunâtre, d'un aspect cristallin. Cuit avec de l'eau ou du lait, il épaissit peu, et ne prend qu'une consistance moyenne.

Le mauvais chocolat, au contraire, a une cassure irrégulière présentant l'aspect de graviers ; elle est poreuse et blanchâtre. Quand il bout, il exhale une odeur de colle ; en cuisant, il épaissit beaucoup ; enfin il rancit promptement.

Les principales falsifications pratiquées dans la fabrication du chocolat, sont les suivantes : 1° On extrait du cacao, jusqu'à épuisement complet, la matière grasse (beurre de cacao). Pour masquer la fraude, on le remplace par des huiles d'olives ou d'amandes douces, des jaunes d'œufs, du suif de veau ou de mouton, de l'huile de paraffine, etc.., etc... Mais c'est une combinaison moins heureuse que celle de la nature, car ce produit rancit très vite.

On a trouvé dans certains échantillons de chocolats, les matières étrangères suivantes : fécule de pomme de terre, farine de blé, d'orge, etc.., enveloppes de cacao pulvérisées, gommes, dextrine, brique pilée, etc.., etc...

Les corps gras avec lesquels on remplace le beurre de cacao deviennent rances, et on juge bientôt de leur présence par l'odeur et par le goût.

On a quelquefois remplacé le beurre de cacao par de l'huile de sésame. Pour reconnaître l'addition de cette dernière, on fera bouillir un morceau de chocolat dans de l'eau. Dans le cas d'une addition d'huile, on apercevra à la surface du liquide refroidi, des tâches d'huile très caractéristiques.

L'addition de la farine, de la fécule et de l'amidon, a pour but de donner du « liant » à la pâte.

L'addition de ces matières se reconnaît de la manière suivante : On fera bouillir un morceau de chocolat dans de l'eau. Au liquide décanté, on ajoutera une goutte de teinture d'iode. Dans le cas de la présence de farine, fécule, amidon, etc.., le liquide se teintera en bleu. Il prendra, au contraire, une teinte légèrement jaunâtre dans le cas où il n'y aurait pas de ces substances.

Comme produits dangereux, susceptibles d'être ajoutés aux chocolats, on peut citer : le cinabre (sel de mercure), le minium (sel de plomb), les terres rouges ocreuses, et enfin la brique pilée.

Ces dernières se reconnaissent à ce qu'un morceau de chocolat délayé dans l'eau chaude, laisse au fond du vase, un dépôt insoluble.

Dans l'eau provenant de l'ébullition du chocolat, on ajoutera quelques gouttes d'acide chlorhydrique ; s'il se forme un précipité blanc, disparaissant par l'ébullition du liquide, on pourra conclure à la présence du minium dans le chocolat. Le cinabre se reconnaîtra aux propriétés caractéristiques des sels de mercure.

THÉ

La consommation du thé étant de beaucoup moins importante que celle du café, nous nous contenterons seulement de donner un aperçu très sommaire des altérations dont il peut être l'objet.

Le thé est sujet à s'altérer soit par suite d'une mauvaise préparation, soit parce qu'on a négligé les précautions pour le conserver.

Le thé a un parfum très suave, mais très volatil. Il ne doit pas être exposé à l'air ou à la lumière. Les Chinois et les Japonais mélangent avec le thé des feuilles étrangères, des poussières végétales, de la terre à porcelaine, des petits fragments de bois, etc...

Les feuilles avariées sont colorées avec des sels de plomb, du bleu de prusse, etc., en y ajoutant de la poussière de thé et diverses autres poussières agglomérées par de la gomme. Les thés verts sont plus particulièrement l'objet de ces sortes de fraudes.

On colore les thés noirs par de la mine de plomb. Les feuilles sont imitées par des feuilles de saule, de prunellier et de camélia. On ajoute également aux thés du sulfate de chaux et du sulfate d'indigo. (Ces falsifications sont inoffensives pour la santé et n'altèrent pas la qualité du thé). Les thés contiennent quelquefois du sulfate de cuivre.

Une fraude qui se pratique sur une très vaste échelle consiste à recueillir les feuilles ayant déjà servi, et à les revendre pour faire de nouvelles infusions.

Cette altération se reconnaît de la façon suivante: On brûle quelques feuilles ; on fait bouillir les cendres obtenues avec de l'eau. On filtre et on évapore à sec un petit volume de cette eau. Lorsqu'il n'y aura plus de liquide, il restera un résidu au fond du vase si le thé n'a pas encore servi. Dans le cas contraire, il ne resterait rien au fond du vase ayant servi à l'évaporation.

Pour distinguer les feuilles étrangères, il y a un moyen bien simple. Prenez une feuille infusée : placez-la entre deux verres minces ; examinez-la par transparence et par comparaison avec une véritable feuille de thé qui servira de type. La feuille de thé est ovale, allongée, un peu aiguë, finement dentée en scie, longue de 5 à 8 centimètres environ. Les feuilles avec lesquelles on a falsifié le thé sont reconnues par des différences dans la forme et les dimensions du limbe, dans l'échancrure des bords, dans la disposition des nervures.

Enfin le plus petit débris, le moindre dépôt trouvé dans la poudre de thé, peuvent amener des découvertes.

Pour terminer nous dirons que le thé vert contient toujours des matières toxiques (déjection de microbes). Le thé noir est presque inoffensif. On colore souvent les thés verts en thés noirs par l'addition de sulfate de cuivre et des couleurs d'anilines. Les poussières et la terre qu'il peut contenir se reconnaîtront facilement à l'œil nu en examinant le résidu laissé au fond des boîtes.

L'addition de sulfate de cuivre et de plomb se reconnaîtra de la même façon que pour le café.

Enfin le sulfate de chaux sera décelé en ajoutant à une infusion de thé de l'acide chlorhydrique et quelques gouttes d'oxalate d'ammoniaque. On observera un précipité blanchâtre dans le cas de la présence du plâtre dans le thé.

SUCRES

Nous ne nous occuperons ici que du sucre « saccharose » ou sucre de canne ou de betterave. Le sucre à quelqu'état qu'il soit devra toujours être examiné pour reconnaître la présence du glucose du commerce, sucre qui est nuisible à la santé du consommateur, par suite des impuretés qu'il peut contenir. Pour reconnaître la présence du glucose, on opérera comme suit :

Prendre 10 grammes de sucre, ajouter 20 grammes de solution de potasse à 5 %, faire bouillir deux minutes : avec la saccharose, il se forme une coloration légèrement jaunâtre. Cette coloration est au contraire brune dans le cas de la présence du glucose. Le sucre dissout dans l'eau ne doit pas laisser de résidu insoluble. Dans le cas contraire, il pourrait contenir de l'amidon, de la craie, du sulfate de baryte, etc...

On reconnaîtra la présence de l'amidon par la coloration bleue obtenue avec de la teinture d'iode.

L'addition d'acide chlorhydrique à la solution sucrée dissolvera le résidu avec dégagement de gaz. Dans ce cas, le résidu est de la craie. S'il n'y a ni dissolution ni dégagement de gaz, le résidu est du sulfate de baryte.

CONSERVES ALIMENTAIRES

ALTÉRATION DES CONSERVES. — L'altération des conserves alimentaires semble dépendre de deux causes principales. La première résulte d'une stérilisation incomplète de la substance alimentaire, la seconde du mauvais état de cette dernière. En effet, particulièrement dans la charcuterie, certains marchands stérilisent des déchets de viande crue ou cuite, quelquefois à demi fermentées, ils hachent tous ces débris, les assaisonnent fortement et en font des conserves (saucissons, pâtés, etc.,) qu'ils vendent à très bas prix.

Ces marchands peu scrupuleux ont même été jusqu'à y introduire les utérus purulents de vaches mortes.

Les falsifications des conserves alimentaires sont de deux natures différentes : soit que l'on ait cherché à substituer un produit de valeur moindre à un autre, soit que l'on ait additionné la substance d'agents étrangers pour masquer une manipulation frauduleuse.

Pour le consommateur, il sera toujours prudent de procéder à un examen organoleptique sommaire, il se rendra facilement compte de l'aspect, l'odeur, etc.

Les conserves sont particulièrement toxiques lorsqu'il s'est produit un commencement de fermentation, mais cette dernière entraîne toujours une formation de gaz qui remplissent le vide et donnent une convexité au récipient qui les renferment. Si la substance est renfermée dans une boîte métallique, il y aura à la surface des boursouflures, dans le cas de flacons, il y aura à l'intérieur une pression qui tendra à soulever le bouchon.

Aucune odeur étrangère ne doit être perçue dans chaque produit.

Enfin, sauf pour le lait, les autres conserves doivent être à réaction acide.

A côté de ce genre d'altérations déjà dangereuses, il s'en trouvent d'autres non moins dangereuses que les premières, ce sont ceux occasionnés par les métaux toxiques particuliers aux substances conservées en boîtes métalliques.

Les principaux de ces métaux sont : le plomb, le cuivre, l'étain, l'arsenic et l'antimoine.

Le premier, le plomb, peut provenir d'un mauvais étamage, ou d'un contact prolongé avec des soudures internes très plombifères.

Le cuivre provient soit d'une addition de sulfate de cuivre pour reverdir les légumes, soit pour les raisins, du traitement des vignes par la bouillie bordelaise, eau de chaux et sulfate de cuivre, soit enfin par la cuisson d'aliments très acides (fruits) dans des vases non étamés.

L'étain provient des laques de cochenille servant à la coloration artificielle.

L'arsenic et l'antimoine peuvent provenir de l'ingestion par l'animal de produits à base d'arsenic et d'antimoine, mais plus particulièrement par la présence de ces métaux comme impuretés des métaux employés à l'étamage et à la confection des boîtes.

Pour éviter ces altérations, on a aussi recours à certains antiseptiques dont la présence est souvent dangereuse.

Les principaux sont : l'acide salicylique, l'acide sulfureux, l'acide borique et des phénols.

La recherche des sels de cuivre et de plomb se fera comme il a été dit pour les antiseptiques. (Voir cette page).

CONDIMENTS ET ÉPICES

Les substances employées pour rehausser le goût des aliments, sont dites épices ou condiments. Les principales épices journellement employées sont : l'anis, la muscade, la moutarde, le poivre, le sel de cuisine et la vanille.

Nous citerons, à titre de renseignements, les clous de girofle, la canelle et l'anis étoilé.

ANIS VERT. — Les fruits de l'anis vert sont souvent remplacés par les fruits de ciguë, de fenil et de fenouil. On reconnaîtra cette substitution à ce que les fruits de l'anis sont poilus et ceux de ciguë, fenil et fenouil sont complètement dépourvus de poils.

MOUTARDE. — La moutarde est le produit obtenu par le broyage des graines de moutarde noire et blanche ou de leur mélange.

L'addition d'amidon et de farine constitue la principale fraude que subit la moutarde. On observera une coloration bleue par addition de teinture d'iode à la moutarde dans le cas de la présence des matières amylacées.

L'addition à la moutarde des matières colorantes, se

reconnaîtra en faisant macérer cette dernière dans l'alcool. On filtre et additionne le filtrat d'ammoniaque. S'il se forme une coloration brune ou rouge, la moutarde a été additionnée de curcuma. Sur une deuxième partie du filtrat, ou ajoute une goutte d'acide chlorhydrique ; il se forme une coloration bleu-rouge dans le cas de la présence du (méthyl orange).

MUSCADE. — On livre dans le commerce des noix de muscade artificielles fabriquées avec de la poudre de noix de muscade, de la farine et de l'argile. Pour reconnaître cette fraude, on plonge les muscades dans l'eau ; elles ne tardent pas à se désagréger et à tomber en bouillie.

SEL DE CUISINE. — Le sel est parfois falsifié par addition de plâtre, craie, argile, grès pulvérisé, sulfate de soude, etc.

Pour reconnaître les matières insolubles, plâtre, craie, argile, sable, on dissout le sel dans l'eau. On s'aperçoit facilement du dépôt insoluble qui se trouve au fond du récipient.

Si l'addition d'acide chlorhydrique produit une dissolution avec dégagements de gaz, on concluera à la présence de la craie. Si ces deux phénomènes ne se produisent pas et que le dépôt soit blanc, on sera en présence de plâtre ou de sable.

POIVRE

Le poivre se présente dans le commerce sous forme sphérique de la grosseur d'un petit pois, noirâtre, ridé à l'extérieur, blanc à l'intérieur, d'une odeur aromatique. vive et piquante, d'une saveur chaude, âcre, excitant la salivation Ses qualités, connues de tout le monde, s'affaiblissent beaucoup par le temps, surtout si le poivre est en poudre.

Falsifications. — Il paraît qu'à Paris et en Province, on prépare du poivre de toute pièce avec une pâte composée d'une petite quantité de poivre de l'Inde, de moutarde et de divers produits indigènes, âcres et piquants, liés ensemble au moyen d'un mucilage et granulés le plus régulièrement possible.

Les falsificateurs poussent leur coupable industrie jusqu'à introduire dans l'intérieur de ces graines factices, une semence de moutarde afin de rendre la ressemblance plus complète. Cependant, outre la saveur faible de ce produit artificiel, la macération dans l'eau sert encore à faire reconnaître le poivre naturel du poivre artificiel. Ce dernier ne tarde pas à tomber en déliquium par l'agitation dans l'eau ; l'autre au contraire, conserve sa forme et sa consistance. Les épiciers mêlent au poivre qu'ils vendent en poudre, une certaine quantité de tourteau, de semences de chènevis également pulvérisées. Mais cette poudre désignée communément par les fraudeurs sous le nom de *Epice d'Auvergne*, rancit assez promptement, et communique au poivre une odeur désagréable que n'acquiert jamais celui de bonne qualité. Enfin le poivre blanc, beaucoup plus facile à falsifier, à cause de sa surface lisse et de sa couleur blanche, a été roulé, dit-on, pour en augmenter le poids, dans une eau chargée de gomme ou d'amidon et de sous-carbonate de plomb.

On reconnait cette criminelle et dangereuse altération en projetant le poivre suspect dans de l'eau mélangée d'un peu d'acide chlorhydrique. En présence du plomb, le liquide devient trouble et de couleur blanchâtre. Pour se rendre compte si le poivre contient des colles, on trempera ce dernier dans l'eau. Les colles se dissolveront et on examinera les grains de poivre au sortir du liquide. Le changement d'aspect qu'ils auront pu subir pendant cette opération, indiquera la présence de la colle. On a quelquefois fait du poivre artificiel en composant une pâte avec du tourteau torréfié, de l'argile, du piment de Cayenne. Ce poivre se distingue du poivre naturel en le cassant ou en le brûlant.

Le poivre moulu est aussi fraudé comme le café moulu, par des farines torréfiées, des os calcinés et pulvérisés, etc. Enfin on ajoute au poivre, des graines de lin, de la farine de riz, des poussières de poivre, du piment, du tourteau de lin et d'olives, de l'amidon, des colles d'os, coques d'amandes, de noix, de noisettes, balles de riz, etc.

Comme matières nuisibles, on a fait une composition spéciale, destinée à remplacer le poivre, et qui contient de l'amidon de riz, du sulfate de baryte, du carbonate de chaux, du chromate de plomb et un peu de poivre. Cette composition est dangereuse, puisqu'elle contient du sulfate de baryte et du chromate de plomb. Pour reconnaître l'addition de ces deux produits toxiques, on opérera de la manière suivante :

On agitera le poivre suspect avec de l'eau et on observera s'il se forme un dépôt au fond du vase. Dans ce cas il pourrait y avoir du sulfate de baryte. On ajoutera au liquide contenant le poivre, un égal volume de potasse ou de soude caustique.

On décantera, après agitation, le liquide clair et on ajoutera quelques centimètres cubes d'acide chlorhydrique. Si le poivre contenait du chromate de plomb, on observera après addition d'acide chlorhydrique, une coloration jaunâtre du liquide avec un dépôt blanc au fond du vase. Ce dépôt est susceptible de disparaître par la chaleur.

Nota. — Il faut ajouter suffisamment d'acide chlorhydrique pour que la réaction finale du produit soit nettement acide. Le poivre subit quelquefois une immersion dans une solution de sulfate de fer ou de chaux. Pour reconnaître l'addition de ces deux substances, voir cette page.

OBSERVATIONS

Si après avoir opéré les manipulations indiquées dans la présente brochure, il restait un doute dans l'esprit du lecteur, sur les résultats obtenus, il pourrait toujours, pour plus de certitude, s'adresser à un chimiste qui compléterait, au besoin, les données ci-contre.

ANTISEPTIQUES

Les antiseptiques sont les produits qui, mélangés aux substances alimentaires, empêchent les fermentations des matières organiques, et assurent par suite leur conservation. Leur usage est en général prohibé. Les principaux antiseptiques employés sont : l'acide borique, l'acide salicylique, l'acide sulfureux, le formol, le bicarbonate de soude, la saccharine, etc.., etc...

Recherche des antiseptiques :

ACIDE BORIQUE. — Faire bouillir le produit avec de l'eau ; filtrer, ajouter quelques centimètres cubes d'acide chlorhydrique et y plonger un morceau de papier imprégné de curcuma. Dans le cas de la présence de l'acide borique, on observera une teinte rouge brun devenant vert par addition de quelques gouttes d'ammoniaque.

ACIDE SALICYLIQUE. — Mélanger la substance avec de l'éther ; agiter et décanter l'éther. Après évaporation l'addition d'une goutte de perchlorure de fer produira une coloration violette, si la substance essayée contient de l'acide salicylique. S'il n'y a pas de teinte violette, on ajoutera au mélange avec de l'éther, quelques gouttes d'acide sulfurique et on continuera comme ci-dessus. Une coloration violette indiquera dans ce cas la présence du salicylate de soude.

ACIDE SULFUREUX ET SULFITES ALCALINS. — La substance à essayer est mélangée avec de l'eau et filtrée. Au liquide filtré, on ajoute une goutte de teinture d'iode. Celle-ci se décolorera si la substance contient de l'acide sulfureux.

Formol. — Si une substance est suspectée contenir du formol, on l'additionnera d'acide sulfurique, puis de quelques gouttes de perchlorure de fer. La présence du formol se manifestera par une coloration violette.

Bicarbonate de soude. — Le produit à examiner est traité par de l'eau et épuisé plusieurs fois. Les eaux réunies et filtrées bleuissent le papier de tournesol rouge.

Saccharine. — Epuiser la matière suspecte comme dans le cas de la recherche de l'acide salicylique, calciner fortement le résidu avec un centimètre cube de soude caustique, reprendre par l'eau, agiter avec de la benzine, évaporer la benzine et ajouter une goutte de perchlorure de fer, qui produira une coloration violette. (S'assurer de l'absence de l'acide salicylique avant de conclure à la présence de la saccharine).

Fabrication des Boissons Economiques

Les falsifications des matières alimentaires ayant été étudiées, il serait à la fois avantageux et utile, dans les cas où l'on aurait pas obtenu satisfaction, d'avoir recours aux différents procédés connus jusqu'à ce jour pour opérer soi-même et dans la mesure du possible la fabrication de quelques-unes des principales denrées alimentaires. Nous terminerons donc par la composition et le mode de préparation des vins, bières et cidres artificiels, etc., qui seront suivis de quelques indications relatives à la qualité des principales matières alimentaires.

Les compositions ci-dessous donnent des produits qui ne peuvent en aucun cas être substitués aux boissons naturelles ; leur dénomination de vin, bière, cidre, sans autre qualificatif, constituerait une infraction à la loi du 1ᵉʳ août 1905, mais elles ne sont pas pour cela nuisibles à la santé et sont toutes indiquées dans le cas de disette de boissons naturelles. Elles se répandent d'une façon prodigieuse dans les grands centres industriels par suite de leur prix de revient peu élevé et de leur mode simple et pratique de fabrication.

I. VINS ARTIFICIELS

Les principaux vins artificiels sont le vin de raisins secs et le vin de primevères.

1° *Vin de raisins secs.* — Faire dissoudre dans 30 litres d'eau chaude 10 kilogrammes de sucrate d'amidon, ajouter 250 grammes d'acide tartrique, 125 grammes de phosphate de chaux, autant de tartrate de chaux et environ 60 grammes de sel de cuisine. Ajouter alors 750 grammes de raisins secs. Fermer le tonneau et laisser fermenter deux mois. Ajouter ensuite 60 grammes de tanin dissout dans un peu de vin. Soutirer et mettre à la cave.

2° *Vin de primevères.* — Faire bouillir une heure 3 kilogrammes de sucre dans 15 litres d'eau, faire griller un morceau de pain et étendre de la levure de chaque côté. Ajouter à la liqueur ci-dessus environ 30 grammes de sirop de citron, mêler et ajouter le pain grillé tout chaud. Après trois jours, ajouter 10 litres de primevères écrasées avec trois citrons coupés et un demi litre de vin blanc par 4 litres de liquide. Soutirer au bout de trois jours et mettre en bouteilles.

II. BIÈRES ÉCONOMIQUES

1° Bière de ménage. — Mettre dans une chaudière 32 litres d'eau, 10 litres de malt, 225 grammes de houblon et 1 kilogramme de mélasse ; faire bouillir deux heures en remuant fréquemment. Retirer du feu et laisser refroidir, puis passer au tamis de crin.

Faire bouillir à nouveau le houblon et la drèche dans 16 litres d'eau avec 500 grammes de mélasse. Laisser refroidir et passer comme ci-dessus. Ajouter ensuite 285 grammes de levure fraîche et agiter. Laisser reposer 10 heures. Retirer l'écume et mettre dans un tonneau. Bonder ensuite légèrement au bout de 8 heures.

2° Bière économique. — Faire bouillir 22 litres d'eau, 18 litres de malt, 2 kilogrammes de mélasse et 115 grammes de houblon. Passer comme précédemment. (Prix de revient : 0 fr. 10 le litre).

3° Bière française. — Mettre dans un baquet 6 litres de seigle mouillé entièrement avec de l'eau ; remuer de temps en temps. Quand le seigle sera germé, on le met dans un tonneau contenant 40 litres et on y ajoute 180 grammes de levure de bière, puis 15 à 16 litres d'eau chaude, en agitant avec un bâton. Quand le mélange est refroidi, ajouter une même quantité d'eau chaude en remuant toujours. Le lendemain, remplir le tonneau avec de l'eau chaude et agiter de nouveau. Consommer après quelques jours de repos.

4° Bière en bouteilles. — Faire infuser dans 35 litres d'eau bouillante 150 grammes de houblon, 38 grammes de graines de genièvre et 15 grammes de fleurs de sureau. Passer et ajouter 1 kilogramme de sucre, 200 grammes de gomme arabique ; remuer le tout pour faire fondre. Après refroidissement, ajouter 30 grammes de levure de bière ; agiter et verser dans un tonneau. Mettre en bouteilles deux jours après. (Prix de revient : 0 fr. 09 le litre).

III. CIDRES ARTIFICIELS

De même que pour les vins et les bières, les cidres artificiels ont été l'objet de recherches multiples qui ont contribuées à l'établissement de formules aussi différentes que nombreuses. Toutes ces formules ne sont en général que très peu pratiquées par le consommateur, mais il s'en trouve une dite boisson hygiénique qui est connue de tout le monde sous le nom de « cidre de frêne ». Nous ne nous occuperons donc ici que de cette boisson, les autres n'offrant qu'un intérêt secondaire.

CIDRE DE FRÊNE ET BOISSONS DE FRÊNE

Cette boisson est actuellement la plus importante des boissons économiques et ses qualités organoleptiques qui la rapproche du cidre de pommes lui ont valu une réputation qui est aujourd'hui connue de tout le monde.

Cette boisson encore toute nouvelle a été l'objet d'études minutieuses de la part de MM. A. Truelle et A. Vasseur. Nous ne pouvons revenir ici sur cette question et nous renvoyons nos lecteurs aux comptes-rendus qui en ont été publiés (1). Ils y trouveraient les renseiments nécessaires dont la place nous fait ici défaut pour les mentionner.

Quoiqu'il résulte des travaux ci-dessus que le cidre de frêne ou « boisson de frêne » ne peut, en aucun cas se substituer au cidre de pommes ; ses propriétés médicales sont loin d'être malfaisantes et, à l'exclusion des boissons naturelles, la boisson de frêne a certainement la priorité sur toutes les boissons artificielles et mixtures connues jusqu'à ce jour.

La composition à adopter variera suivant le goût du consommateur. Les principales sont :

1° Boisson dite « hygiénique »

Sucre cristallisé	5.000 gr.		Feuilles de frêne	150 gr.
Acide tartrique	80 g.		Chicorée	2 cuill.
Levure fraiche	80 gr.			

2° Cidre artificiel de frêne

Sucre cristallisé	5.000 gr.		Feuilles de frêne	100 gr.
Acide tartrique	100 gr.		Chicorée	100 gr.
Levure pressée	0 fr. 10			

3° Boisson de frêne

Sucre cristallisé	7.000 gr.		Feuilles de frêne	100 gr.
Acide tartrique	90 gr		Chicorée	100 gr.
Levure pressée	0 fr. 20			
4° Sucre cristallisé	5.000 gr.		Feuilles de frêne	100 gr.
Acide tartrique	100 gr.		Chicorée	125 gr.
Levure pressée	0 fr. 15			

(1) Les rapports et relations existant entre le cidre de pomme et le « cidre de frêne » ont été exposés par M. A. Vasseur, dans la revue « *Le Cidre et le Poiret* » (mai 1910, n° 1, page 1). « La boisson de frêne et la falsification du cidre » a également été traitée par M. A. Vasseur dans la même revue (octobre 1910, n° 6, pages 169 à 173). Les lecteurs y trouveront exposés, avec beaucoup de détails, définition, composition, rôle des éléments constituants et composition chimique, propriétés physiologiques, fermentation, etc., ainsi que la copie d'une lettre de M. A. Vasseur, en date du 10 septembre 1910, adressée sur ce sujet au docteur Placido Carrion (Espagne).

Enfin M. Truelle, dans *Le Petit Journal Agricole*, n° 783, en date du 1" janvier 1911, rappelle les travaux faits par M. A. Vasseur, et complète savamment l'étude par un mode de préparation et expose, au point de vue scientifique, une documentation remarquable relative aux produits hygiéniques et physiologiques, ainsi qu'à la composition chimique du produit obtenu.

MODE DE PRÉPARATION

Faire bouillir les feuilles de frène dans 4 à 5 litres d'eau pendant deux heures. Faire de même pour la chicorée, mais avec une ébullition d'une heure. Faire ensuite dissoudre le sucre et l'acide tartrique dans l'eau bouillante.

Passer au travers d'un linge, d'une passoire ou d'un tamis et introduire dans un tonneau de 100 litres. Parfaire le volume avec de l'eau et après refroidissement ajouter la levure délayée dans un peu d'eau. Mélanger avec un bâton, laisser fermenter douze jours et mettre en bouteilles. Coucher et relever les bouteilles au bout de trois jours. Pendant la fermentation, on ajoute de l'eau pour combler le vide produit par le dégagement de gaz.

On obtient ainsi avec les formules 1, 2 et 4 une boisson très agréable et fort appréciée aujourd'hui, mais la formule 3, qui se différencie des autres par une proportion de sucre plus élevée, donne une boisson remarquable qui possède toutes les propriétés organoleptiques du cidre de pommes. Mais, pour l'obtention d'un produit semblable, il est nécessaire d'avoir recours à un instrument (1) qui indique immédiatement le degré de fermentation et par suite l'époque exacte où l'on doit opérer la mise en bouteilles, la durée de douze jours comme ci-dessus n'étant plus applicable dans ce cas spécial.

BOISSONS ÉCONOMIQUES. — 1° Mettre dans un tonneau de 35 à 40 litres, 1 kg. 500 de pommes tapées, moitié de raisins secs, 100 grammes de baies de genièvre ; remplir d'eau et laisser reposer deux jours. Ajouter 30 centilitres d'alcool de betteraves faire macérer huit jours et mettre en bouteilles.

2° Faire infuser pendant trois jours dans un tonneau de 100 litres :

Fleurs de violettes et de sureau (sèches)	160 gr.	Coriandre		40 gr.
Fleurs de houblon	45 gr.	Mélasse		4000 gr.
Baies de genièvre	150 gr.	Vinaigre		1 litre

Remuez bien pendant trois jours le tonneau rempli d'eau. Mettre en bouteilles.

LEVURE FACTICE. — Dans le cas où il serait impossible de se procurer de la levure, on pourra faire soi-même de la levure artificielle de la manière suivante :

Faire bouillir dans quatre litres d'eau 175 à 200 grammes de farine, 100 grammes de cassonade brune et une demi cuillerée à café de sel. Laisser refroidir, mettre dans un cruchon de grès bien bouché. On peut s'en servir le lendemain.

Nota. — On trouve les matières destinées à la fabrication des boissons économiques chez les herboristes.

---

(1) Voir aux réclames.

DU CHOIX DES ALIMENTS

Avant de savoir accommoder les aliments, il convient de les savoir choisir bons, afin de ne pas être à la merci des marchands peu scrupuleux ou de mauvaise foi.

Bœuf. — La chair de bonne qualité est rouge cramoisi, d'un grain lâche; la graisse est jaunâtre. La vache a la chair plus pâle, le grain plus serré et la graisse blanche. La viande de qualité inférieure a la chair rouge foncée et la graisse dure et membraneuse.

Veau. — Le veau de bonne qualité a les rognons enveloppés d'une graisse blanche et ferme. Le veau de mauvaise qualité a la graisse molle et moite, la chair molasse, spongieuse, marbrée de tâches rougeâtres.

Mouton. — Dans le bon mouton, la graisse se détache spontanément; dans le vieux, elle est retenue par des filets membraneux. Dans la viande de mauvaise qualité, la chair est pâle et se détache des os, la graisse est jaunâtre et contient beaucoup d'eau.

Porc. — Le porc frais a la peau nette et fraîche au toucher; quand l'animal est tué depuis longtemps, la peau est au contraire flasque et visqueuse.

Jambons fumés. — Pour juger avec certitude de l'état d'un jambon, plonger un couteau dans sa chair jusqu'à l'os; si en le retirant on s'aperçoit que les particules de chair y adhèrent, ou qu'il répand une odeur désagréable, le jambon ne vaut rien.

Lièvres et lapins. — Les hanches épaisses, les oreilles sèches et rugueuses, les ongles émoussées et inégales, sont un signe de vieillesse; les griffes polies et aiguës, les oreilles tendres se déchirant facilement sont un indice que ces animaux sont jeunes.

Perdrix jeunes. — Elles ont le bec de couleur très foncée et les pattes jaunes.

Canards. — Les pattes doivent être souples, la poitrine grasse et ferme.

Pigeons jeunes. — Ils ont les pattes souples et la chair ferme; s'ils sont vieux, leur chair est flasque.

Poules et poulets. — Les pattes et les crêtes doivent être lisses.

Œufs. — Les œufs mirés à la lumière sont d'une transparence parfaite lorsqu'ils sont frais. La moindre tâche doit être regardée comme suspecte.

RENSEIGNEMENTS GRATUITS

L'étude des falsifications des matières alimentaires
ayant été rendue extrêmement pratique, les personnes
qui auraient besoin de renseignements complémentaires
sur tel ou tel cas particulier de falsifications, peuvent
s'adresser à l'auteur, 22, rue Pierre Ramus, à Saint-
Quentin.

Toutes les indications nécessaires leur seront fournies
gratuitement.

TABLE DES MATIÈRES

Maisons Henri DEVRED

La plus GRANDE SPÉCIALITÉ
D'HABILLEMENTS
TOUT FAITS ET SUR MESURE
POUR
Hommes
Jeunes Gens
et Enfants

ÉLÉGANCE
SOLIDITÉ

A LA GRANDE FABRIQUE
34-36, Rue de la Sellerie, 34-36
St-QUENTIN
St-QUENTIN

RIEN
que du
VETEMENT

Suppression des Intermédiaires

VENTE DIRECTE
du PRODUCTEUR à l'ACHETEUR

VENDANT le MEILLEUR MARCHÉ du MONDE

Les Magasins sont ouverts tous les Dimanches jusqu'à MIDI
14   MAISONS DE VENTE   14